雅致

山家清供

〔宋〕林洪 撰
罗宝航 译
司新宇 常轩瑀 李子新 绘

北方联合出版传媒（集团）股份有限公司
万卷出版有限责任公司

图书在版编目（CIP）数据

山家清供 /（宋）林洪撰；罗宝航译；司新宇，常轩瑀，李子新绘. — 沈阳：万卷出版有限责任公司，2024.9

ISBN 978-7-5470-6537-2

Ⅰ. ①山… Ⅱ. ①林… ②罗… ③司… ④常… ⑤李… Ⅲ. ①烹饪 – 中国 – 南宋②菜谱 – 中国 – 南宋 Ⅳ. ①TS972.117

中国国家版本馆CIP数据核字（2024）第092963号

出 品 人：王维良
出版发行：北方联合出版传媒（集团）股份有限公司
万卷出版有限责任公司
（地址：沈阳市和平区十一纬路29号　邮编：110003）
印 刷 者：辽宁新华印务有限公司
经 销 者：全国新华书店
幅面尺寸：128mm × 189mm
字　　数：190千字
印　　张：7
出版时间：2024年9月第1版
印刷时间：2024年9月第1次印刷
责任编辑：高　爽
责任校对：张　莹
封面设计：范　娇
版式设计：范　娇
ISBN 978-7-5470- 6537-2
定　　价：49.80元
联系电话：024-23284090
邮购热线：024-23284050

目录

上卷

青精饭 〇〇二
碧涧羹 〇〇四
苜蓿盘 〇〇六
考亭蔊 〇〇八
太守羹 〇一〇
冰壶珍 〇一二
蓝田玉 〇一四
豆粥 〇一六
蟠桃饭 〇一八
寒具 〇二〇
黄金鸡 〇二二
槐叶淘 〇二四
地黄馎饦 〇二六
梅花汤饼 〇二八
椿根馄饨 〇三〇
玉糁羹 〇三二
百合面 〇三四

栝蒌粉 〇三六
素蒸鸭 〇三八
黄精果 〇四〇
傍林鲜 〇四二
雕菰饭 〇四四
锦带羹 〇四六
煿金煮玉 〇四八
土芝丹 〇五〇
柳叶韭 〇五二
松黄饼 〇五四
酥琼叶 〇五六
元修菜 〇五八
紫英菊 〇六〇
银丝供 〇六二
凫茨粉 〇六四
薝卜煎 〇六六
蒿蒌菜
蒿鱼羹 〇六八
玉灌肺 〇七〇
进贤菜 〇七二
山海兜 〇七四
拨霞供 〇七六
骊塘羹 〇七八

真汤饼　〇八〇
沆瀣浆　〇八二
神仙富贵饼　〇八四
香圆杯　〇八六
蟹酿橙　〇八八
莲房鱼包　〇九〇
玉带羹　〇九二
酒煮菜　〇九四

下卷

蜜渍梅花　〇九八
持螯供　一〇〇
汤绽梅　一〇二
通神饼　一〇四
金饭　一〇六
白石羹　一〇八
梅粥　一一〇
山家三脆　一一二
玉井饭　一一四
洞庭饐　一一六
荼蘼粥　一一八
蓬糕　一二〇
樱桃煎　一二二
如荠菜　一二四
萝菔面　一二六
麦门冬煎　一二八

假煎肉 一三〇
橙玉生 一三二
玉延索饼 一三四
大耐糕 一三六
鸳鸯炙 一三八
笋蕨馄饨 一四〇
雪霞羹 一四二
鹅黄豆生 一四四
真君粥 一四六
酥黄独 一四八
满山香 一五〇
酒煮玉蕈 一五二
鸭脚羹 一五四
石榴粉 一五六
广寒糕 一五八
河祇粥 一六〇
松玉 一六二
雷公栗 一六四
东坡豆腐 一六六
碧筒酒 一六八
罂乳鱼 一七〇
胜肉餗 一七二
木鱼子 一七四
自爱淘 一七六

忘忧齑 一七八
脆琅玕 一八〇
炙獐 一八二
当团参 一八四
梅花脯 一八六
牛尾狸 一八八
金玉羹 一九〇
山煮羊 一九二
牛蒡脯 一九四
牡丹生菜 一九六
不寒齑 一九八
素醒酒冰 二〇〇
豆黄签 二〇二
菊苗煎 二〇四
胡麻酒 二〇六
茶供 二〇八
新丰酒法 二一〇

上卷

雅致生活

青精饭

青精饭，首以此，重谷也。按《本草》:“南烛木，今名‘黑饭草’，又名‘旱莲草’。”即青精也。采枝叶，捣汁，浸上白好粳米，不拘多少，候一二时，蒸饭。曝干，坚而碧色，收贮。如用时，先用滚水，量以米数，煮一滚即成饭矣。用水不可多，亦不可少。久服延年益颜。仙方又有“青精石饭”，世未知“石”为何也。按《本草》:“用青石脂三斤、青粱米一斗，水浸三日，捣为丸，如李大，白汤送服一二丸，可不饥。”是知“石”即“石脂”也。二法皆有据。第以山居供客，则当用前法。如欲效子房辟谷[1]，当用后法。

每读杜诗，既曰：“岂无青精饭，令我颜色好。”又曰：“李侯金闺彦，脱身事幽讨。”当时才名如杜、李，可谓切于爱君忧国矣。天乃不使之壮年以行其志，而使之俱有青精、瑶草[2]之思，惜哉！

译文

本书以青精饭为首，是出于重视粮食的缘故。据《本草》云：“南烛木，现名‘黑饭草’，又名‘旱莲草’。”这指的就是青精。采摘青精的枝叶，捣出汁水，浸入上好的白粳米，数量可多可少，等待一两个时辰之后再蒸饭。随后将蒸好的米饭晒干，直至米粒坚硬且变为碧绿色，再进行收贮保存。待到食用之时，先把水煮开，再放入适量的米，等水一开，饭也就做好了。用水不可过多，也不可过少。经常吃青精饭能够改善气色，延年益寿。修仙药方之

❶子房辟谷：子房，西汉张良的字。辟谷，不吃五谷杂粮，古代的养生修仙方术。据载，张良晚年曾经学习过辟谷导引之术。❷瑶草：古代神话传说中的仙草。

青精饭

中又有一种“青精石饭”，世人不知“石”指的是何物。据《本草》云：“用青石脂三斤、青粱米一斗，在水中浸泡三天，捣成李子大小的药丸，用白开水服食一二粒，便不会感到饥饿。”由此可知，所谓“石”就是“石脂”。这两种制作方法都有根据。只是如果在隐居山林之时招待客人，则应当用前一种方法。如果想要效法张良辟谷，则应当用后一种方法。

每次读杜甫的诗，看到他既云：“岂无青精饭，令我颜色好。”又云：“李侯金闺彦，脱身事幽讨。”当时像杜甫、李白这种才名冠世之人，可以说真正做到了爱君忧国。上天竟然不让他们在壮年之时实现志向，反而让他们都萌生了寻求青精、瑶草的念头，实在令人痛惜啊！

碧涧羹

芹，楚葵也，又名“水英”。有二种：荻芹取根，赤芹取叶与茎，俱可食。二月、三月作羹时采之，洗净，入汤焯过，取出，以苦酒[1]研芥子，入盐少许，与茴香渍之，可作菹[2]。惟瀹[3]而羹之者，既清而馨，犹碧涧然，故杜甫有“青芹碧涧羹”之句。或曰：芹，微草也，杜甫何取焉而诵咏之不暇？不思野人持此，犹欲以献于君者乎！

译文

芹，就是楚葵，又名“水英”。芹有两种：荻芹取根，赤芹取叶和茎，都可以食用。每年二三月份做羹汤的时候，采回芹菜，冲洗干净，放在热水中焯一下，再取出。用醋研磨芥子，加入少量食盐，和茴香一起腌渍芹菜，如此便可做成腌菜。因为用它煮成的羹，既清淡又有馨香，犹如碧绿的山涧一般，故而杜甫有“青芹碧涧羹”的诗句。有的人问：芹不过是平平无奇的野菜，杜甫为何要不停地歌颂它呢？他没想过，山野百姓拿着芹菜，还想要献给君主，更何况是杜甫呢！

❶苦酒：古代对醋的别称。❷菹（zū）：酸菜，腌菜。❸瀹（yuè）：煮。

碧涧羹

苜蓿盘

开元中，东宫官僚清淡。薛令之[1]为左庶子[2]，以诗自悼曰："朝日上团团，照见先生盘。盘中何所有？苜蓿长阑干。饭涩匙难滑，羹稀箸易宽。以此谋朝夕，何由保岁寒？"上幸东宫，因题其旁，有"若嫌松桂寒，任逐桑榆暖"之句，令之惶恐，谢病归。

每诵此，未知为何物。偶同宋雪岩伯仁[3]访郑野钥，见所种者，因得其种并法。其叶绿紫色而灰，长或丈余。采，用汤焯，油炒，姜、盐随意，羹茹皆可。

风味本不恶，令之何为厌苦如此？东宫官僚，当极一时之选，而唐世诸贤见于篇什，皆为左迁。令之寄兴恐不在此盘。宾僚之选，至起"食无余"之叹，上之人乃讽以去。吁，薄矣！

译文

唐代开元年间，东宫太子身边的官僚生活清贫。薛令之担任左庶子，写诗悼伤自己的境况，云："朝日上团团，照见先生盘。盘中何所有？苜蓿长阑干。饭涩匙难滑，羹稀箸易宽。以此谋朝夕，何由保岁寒？"玄宗来到东宫看到了此诗，顺便在其旁题诗，有"若嫌松桂寒，任逐桑榆暖"之语。薛令之惶恐不已，托病辞官归乡。

每次读到这首诗，总是不知"苜蓿"为何物。偶然和宋雪岩一起拜访郑野钥，看见他所种的苜蓿，顺便得到了苜蓿的种子和做法。苜蓿的叶子绿紫色而偏灰，茎长有时

❶薛令之：唐代官员。❷左庶子：太子侍从官。❸宋雪岩：即宋伯仁，字器之，号雪岩，南宋江湖派诗人，湖州（今浙江湖州）人，一说广平（今河北广平）人。

苜蓿盘

可达一丈多。采回以后，用热水焯好，再用油炒，姜、盐随意放，做羹或做菜都可以。

苜蓿的味道本来不差，薛令之为什么如此厌恶苦恼呢？这是因为东宫里面的官僚，都是当时最优秀的人才，然而唐代诸多有记载的贤能人才，都曾被贬职。薛令之诗中的寄托恐怕不在这一盘苜蓿上。像他这样的官僚人选，已经到了感叹“食无余”的地步，皇上竟然用嘲讽的语气让他离开。哎，这也太薄情了！

考亭[1]蔊

考亭先生每饮后，则以蔊菜[2]供。蔊，一出于盱江，分于建阳，一生于严滩[3]石上。公所供，盖建阳种，集有《蔊》诗可考。山谷孙崿，以沙卧蔊，食其苗，云：生临汀者尤佳。

译文

考亭先生每次饮酒后，都会吃蔊菜。蔊菜，一种源出于盱江，分支于建阳，另一种产出于严滩的石上。考亭先生所食的蔊菜，应该是建阳的品种，他的文集中有《蔊》诗可作为证明。黄庭坚的孙子黄崿，在沙地上种蔊菜，采食菜苗。据他说，生长在水边的蔊菜尤其美味。

❶考亭：南宋理学家朱熹，晚年讲学于建阳考亭，学者尊称为『考亭先生』。❷蔊（hàn）菜：一年生草本植物，可食用，亦可入药。❸严滩：严陵濑，在今浙江桐庐，相传为东汉隐士严光隐居垂钓处。

考亭蕈

太守羹

梁蔡撙为吴兴守，不饮郡井[①]。斋前自种白苋[②]、紫茄，以为常饵。世之醉醲饱鲜而怠于事者，视此得无愧乎！然茄、苋性俱微冷，必加芼[③]、姜为佳耳。

译文

南朝梁的蔡撙在担任吴兴太守之时，饮食不打扰乡里。他在房前亲自种白苋、紫茄，以此作为日常的食物。世上那些山吃海喝却懈怠政事的人，看到陈撙的事迹，难道不会感到羞愧吗？然而紫茄、白苋都是凉性食物，必须加一些芼菜和生姜才比较好。

❶郡井：古代井田制，八家共用一井，引申为乡里。❷白苋（xiàn）：一年生草本植物，可食用，亦可入药。❸芼（mào）：可食用的水草或野菜。

太守羹

冰壶珍

太宗问苏易简[1]曰："食品称珍，何者为最？"对曰："食无定味，适口者珍。臣心知齑[2]汁美。"太宗笑问其故。曰："臣一夕酷寒，拥炉烧酒，痛饮大醉，拥以重衾。忽醒，渴甚，乘月中庭，见残雪中覆有齑盎。不暇呼童，掬雪盥手[3]，满饮数缶。臣此时自谓：上界仙厨，鸾脯凤脂，殆恐不及。屡欲作《冰壶先生传》记其事，未暇也。"太宗笑而然之。

后有问其方者，仆答曰："用清面汤浸以菜，止醉渴一味耳。或不然，请问之冰壶先生。"

译文

宋太宗问苏易简："哪种食物最称得上珍贵？"苏易简回答说："食物味道没有固定的标准，适合自己口味的就称得上珍贵。我心里以为菜汁最美味。"太宗笑着问他原因。苏易简回答说："有一天晚上特别冷，我坐在炉旁温酒痛饮，直到酩酊大醉，便裹着厚被睡着了。忽然醒了，特别口渴，乘着月光走到中庭，看见残雪下面有一个装菜汁的坛子。我来不及呼唤童仆，捧起雪来洗洗手，一连喝光很多碗。我当时就在想：即使是天上的神厨，拿鸾凤的肉脂做菜，恐怕也不如这菜汁美味。我屡次想写一篇《冰壶先生传》来记下这件事，但是还没有空暇。"太宗笑着点头赞许。

后来有人询问这道菜的配方，我回答说："把菜浸在

❶苏易简：字太简，北宋官员。❷齑（jī）：细切的肉或菜。❸盥（guàn）手：洗手。

冰壶珍

清面汤里，就是消除醉渴的一味良药。如果觉得不对，就请去问问冰壶先生吧！”

蓝田[1]玉

《汉·地理志》:"蓝田出美玉。"魏李预[2]每羡古人餐玉之法，乃往蓝田，果得美玉种七十枚，为屑服饵，而不戒酒色。偶疾笃，谓妻子曰："服玉，必屏居山林，排弃嗜欲，当大有神效。而我酒色不绝，自致于死，非药过也。"

要知长生之法，当能养心戒欲，虽不服玉，亦可矣。今法：用瓠[3]一二枚，去皮毛，截作二寸方片，烂蒸，以酱食之。不须烧炼之功，但除一切烦恼妄想，久而自然神气清爽。较之前法，差胜矣，故名"法制蓝田玉"。

译文

《汉书·地理志》载："蓝田产美玉。"北魏的李预经常羡慕古人食玉以求长生的方法，于是前往蓝田，果然得到了七十枚美玉，把它们制成了用以服食的玉屑，却没有戒除酒色。后来病重，他对妻儿说："食玉，一定要独居山林，排除嗜欲，才会有神效。而我没有戒除酒色，害死了自己，这不是长生药的过错。"

一定要知道，长生之法，在于能清心寡欲，即使不食玉，也可以实现。现在有一个方法：用一两枚瓠瓜，去除皮毛，切成二寸方片，蒸得烂熟，蘸着酱吃。不需要炼丹烧药的功夫，只要去除一切烦恼妄想，久而久之，自然神清气爽。相比于前面的食玉之法，这种方法要略胜一筹，所以叫作"法制蓝田玉"。

❶蓝田：今陕西蓝田，以盛产美玉闻名。❷李预：字元凯，北魏官员。❸瓠（hù）：瓠瓜，一年生草本植物，果实可作盛水器。

蓝田玉

豆粥

汉光武在芜蒌亭①时，得冯异②奉豆粥，至久且不忘报，况山居可无此乎？用沙瓶烂煮赤豆，候粥少沸，投之同煮，既熟而食。东坡诗曰："岂如江头千顷雪，茅檐出没晨烟孤。地碓舂秔光似玉，沙瓶煮豆软如酥。老我此身无着处，卖书来问东家住。卧听鸡鸣粥熟时，蓬头曳杖君家去。"此豆粥之法也。若夫金谷之会③，徒咄嗟以夸客，孰若山舍清谈徜徉，以候其熟也。

译文

东汉光武帝刘秀在芜蒌亭的时候，喝过冯异奉上的豆粥，过了很久都不忘报答，山居生活怎么能没有它呢？用沙瓶将红豆煮得烂熟，等米粥稍稍沸腾，就投进沙瓶中和红豆一起煮，熟了就能吃。苏东坡有诗云："岂如江头千顷雪，茅檐出没晨烟孤。地碓舂秔光似玉，沙瓶煮豆软如酥。老我此身无着处，卖书来问东家住。卧听鸡鸣粥熟时，蓬头曳杖君家去。"这就是做豆粥的方法。至于金谷之会上的豆粥，只是为了迅速做好，以此向客人炫耀，而山舍之中可以一边清谈徜徉，一边等待粥熟，金谷哪里比得上山舍的悠闲从容呢！

❶芜蒌亭：故址在今河北饶阳滹沱河滨。❷冯异：字公孙，东汉开国名将，『云台二十八将』之一。❸金谷之会：西晋文人的集会。石崇召集文人，在金谷园雅集，后作《金谷诗序》。王羲之『兰亭之会』《兰亭集序》仿此模式。

豆粥

蟠桃饭

采山桃，用米泔煮熟，漉置水中，去核。候饭涌，同煮顷之，如盦饭[1]法。东坡用石曼卿[2]海州事[3]诗云：“戏将桃核裹红泥，石间散掷如风雨。坐令空山作锦绣，绮天照海光无数。”此种桃法也。桃三李四，能依此法，越三年，皆可饭矣。

译文

采摘山桃，用淘米水煮熟，滤干再放入清水中，去掉桃核。等米饭煮开，再将山桃放入，同煮一段时间，和焖饭的做法类似。苏东坡用石延年海州种桃的典故作诗，云：“戏将桃核裹红泥，石间散掷如风雨。坐令空山作锦绣，绮天照海光无数。”这是种桃的方法。桃树三年结果，李树四年结果。若能按照此法种桃，过上三年，就都可以采来做蟠桃饭了。

❶盦（ān）饭：焖饭，将食物放在米上一同蒸熟。❷石曼卿：即石延年，字曼卿，北宋文学家。
❸海州事：海州，今江苏连云港。据载，石延年在海州时，曾用弹弓在山谷中播撒桃核。

蟠桃饭

寒具

晋桓玄喜陈书画，客有食寒具不濯手而执书帙者，偶污之，后不设寒具。此必用油、蜜者。《要术》并《食经》者，只曰"环饼"。世疑"馓子"也，或巧夕"酥蜜食"也。杜甫十月一日乃有"粔籹[1]作人情"之句，《广记》则载于寒食事中。三者皆可疑。及考朱氏注《楚词》"粔籹蜜饵，有怅惶[2]些"，谓"以米面煎熬作之，寒具也"。以是知《楚词》一句，自是三品："粔籹"乃蜜面之干者，十月开炉，饼也；"蜜饵"乃蜜面少润者，七夕蜜食也；"怅惶"乃寒食具，无可疑者。闽人会姻友煎铺，以糯粉和面，油煎，沃以糖。食之不濯手，则能污物。且可留月余，宜禁烟用也。吾翁和靖[3]先生《山中寒食》诗云："方塘波绿杜蘅青，布谷提壶已足听。有客初尝寒具罢，据梧慵复散幽经。"吾翁读天下书，攻愧先生且服其和《琉璃堂图》事。信乎，此为寒食具矣。

译文

东晋的桓玄喜欢陈设书画。有一个吃过寒具的客人还没洗手就去拿书套，不小心弄脏了书。后来，桓玄就不再摆设寒具了。由此看来，寒具一定是用油、蜜做的。《齐民要术》和《食经》只云"环饼"是"寒具"。世人猜测"寒具"可能是"馓子"，或者是七夕的"酥蜜食"。杜甫在十月一日作诗，有"粔籹作人情"之句，而《岁时广记》将其载入寒食故事之中。这三种说法都很可疑。等到查考朱熹对于《楚辞》"粔籹蜜饵，有怅惶些"的注解，他认为"用

❶粔籹（jù nǚ）：用蜜和米面制成的油炸食品。❷怅惶（zhāng huáng）：干饴糖或油炸面食。❸和靖：林逋，字君复，谥号和靖，北宋隐逸诗人，以『梅妻鹤子』著名。

米面煎熬做成的，就是寒具”。由此可知，《楚辞》这一句提到了三种不同的食品："粔籹”是用干蜜面做的，是十月开炉烧成的饼；“蜜饵”是用微湿的蜜面做的，是七夕的蜜食；“怅餭”是寒食节吃的寒具，这是毫无疑问的。福建人会见亲友要做煎铺，用糯粉揉面，用油煎过，再把糖浇在上面。吃过它却不洗手，就能弄脏别的东西。而且这种煎铺能保存一个多月，适合在禁止烟火的寒食节里食用。先祖和靖先生《山中寒食》诗云："方塘波绿杜蘅青，布谷提壶已足听。有客初尝寒具罢，据梧慵复散幽经。”先祖遍读天下书籍，就连攻愧先生都佩服他唱和《琉璃堂图》的事迹。看来这寒具确实就是寒食节的食物了。

黄金鸡又名“钻篱菜”，出《志林》。

李白诗云：“亭上十分绿醑[1]酒，盘中一味黄金鸡。”其法：焊[2]鸡净洗，用麻油、盐水煮，入葱、椒。候熟，擘[3]钉，以元汁别供。或荐以酒，则“白酒初熟、黄鸡正肥”之乐得矣。有如新法川炒等制，非山家不屑为，恐非真味也。或取“人”字为有益，今益作“人”字鸡，恶伤类也。每思茅容[4]以鸡奉母，而以蔬奉客，贤矣哉！《本草》云：“鸡，小毒，补，治满[5]。”

译文

李白诗云：“亭上十分绿醑酒，盘中一味黄金鸡。”黄金鸡的做法：将鸡用开水烫后拔毛洗净，再用麻油、盐水煮，放入葱、椒。等煮熟后，切成鸡丁，将原汁留作别用。或者搭配着酒一起吃，就能享受到“白酒初熟、黄鸡正肥”的乐趣了。现在出现了像川炒等新的制作方法，不是山居人家不屑去做，只是担心这样做会失去鸡肉的真味。有人会将鸡摆成“人”字形，认为这样更有补益，现在的人争相做“人”字鸡，但我厌恶这种伤害同类的方法。经常想到茅容用鸡肉奉养母亲，而用蔬菜招待客人的事迹，他真堪称贤人啊！《本草》云：“鸡，毒性很小，有补益，可治胀满。”

❶醑（xǔ）：美酒。❷焊（xún）：用开水烫后去毛。❸擘（bò）：分开，剖裂。❹茅容：字季伟，东汉名士，陈留（今河南开封）人。❺满：胀满，中医病名。

黄金鸡

槐叶淘

杜甫诗云："青青高槐叶，采掇付中厨。新面来近市，汁滓宛相俱。入鼎资过熟，加餐愁欲无。"即此见其法：于夏，采槐叶之高秀者。汤少瀹[1]，研细滤清，和面作淘，乃以醯[2]、酱为熟齑。簇细茵，以盘行之，取其碧鲜可爱也。末句云："君王纳凉晚，此味亦时须。"不惟见诗人一食未尝忘君，且知贵为君王，亦令知此山林之味。旨[3]哉，诗乎！

❶瀹（yuè）：浸渍。❷醯（xī）：醋。❸旨：美好。

译文

杜甫诗云："青青高槐叶，采掇付中厨。新面来近市，汁滓宛相俱。入鼎资过熟，加餐愁欲无。"从中可见槐叶淘的做法：在夏天采摘优良的槐叶，用热水略泡，研细滤净，用槐叶汁揉面作淘，再用醋、酱做成熟齑汁。将面条抻细堆叠，用盘子端上来，这样更显得鲜绿可爱。杜诗末句云："君王纳凉晚，此味亦时须。"不仅可见诗人每顿饭都不曾忘记自己的君主，而且可知即便是高贵的君王，也要让他了解这山林之味。这首诗的寓意真美好啊！

槐叶淘

地黄[1]馎饦[2]

崔元亮《海上方》:"治心痛，去虫积，取地黄大者，净洗捣汁，和细面，作馎饦。食之，出虫尺许，即愈。"贞元间，通事舍人[3]崔杭女作淘食之，出虫，如蟆状，自是心患除矣。《本草》:"浮为天黄，半沉为人黄，惟沉者佳。"宜用清汁，入盐则不可食。或净洗细截，和米煮粥，良有益也。

译文

崔元亮《海上方》云 :"治疗心痛，去除虫积，需取大块地黄，洗净捣汁，和细面，做成馎饦。服食之后，排出一尺长的虫子，身体立刻痊愈。"贞元年间，通事舍人崔杭的女儿做地黄淘吃，排出的虫子像蛤蟆一样，从此心病就根除了。《本草》云 :"浮在水上的是天黄，半沉水中的是人黄，只有沉在水底的地黄最好。"做这道菜适合用清汁，放盐就不能吃了。或者洗净切细，和米一起煮成粥，对身体非常有益。

❶地黄：多年生草本植物，可入药。❷馎饦（bó tuō）：汤饼或汤面。❸通事舍人：官职名，负责传达诏命。

地黄馎饦

梅花汤饼[①]

泉之紫帽山[②]有高人，尝作此供。初浸白梅、檀香末水，和面，作馄饨皮。每一叠，用五出铁凿如梅花样者，凿取之。候煮熟，乃过于鸡清汁内。每客止二百余花，可供一食，亦不费梅。后留玉堂元刚[③]亦有诗："恍如孤山下，飞玉浮西湖。"

译文

泉州紫帽山有一位高人，曾经做过这道菜。先将白梅花、檀香末入水浸泡，再揉面，做成馄饨皮。每一叠用梅花样式的五角铁模具，凿成梅花状。等煮熟后，再放入清鸡汤里。每位客人只有二百余片梅花汤饼，足够吃一顿，也不会耗费梅花。后来，留元刚有诗云："恍如孤山下，飞玉浮西湖。"

❶汤饼：带汤面食，此处指面皮汤。❷泉之紫帽山：泉，泉州（今福建泉州）。紫帽山，在今福建晋江。❸玉堂元刚：字茂潜，号云麓子，南宋官员。

梅花汤饼

椿[1]根馄饨

刘禹锡著樗[2]根馄饨皮法：立秋前后，谓世多痢及腰痛。取樗根一大握，捣筛，和面，捻馄饨如皂荚子[3]大。清水煮，日空腹服十枚，并无禁忌。

山家晨有客至，先供之十数，不惟有益，亦可少延早食。椿实而香，樗疏而臭，惟椿根可也。

译文

刘禹锡记载了樗根馄饨皮的做法：立秋前后，人们容易得痢疾和犯腰痛。取一大把樗根，捣碎筛细，揉面，捏成皂荚大小的馄饨。用清水煮，每天空腹吃十个，没有什么禁忌事项。

山居人家如果早上有客人到访，先让他吃十个馄饨，不仅对身体有益，也可以稍微延迟早饭时间。香椿坚实而香，臭椿疏松而臭，只有椿根适合做馄饨。

❶椿（chūn）：香椿，多年生落叶乔木，可入药。❷樗（chū）：臭椿，多年生落叶乔木，可入药。

❸皂荚子：皂荚树的种子，可入药。

椿根馄饨

玉糁[1]羹 或用山芋

东坡一夕与子由[2]饮，酣甚，槌芦菔[3]烂煮，不用他料，只研白米为糁。食之，忽放箸抚几曰："若非天竺酥酡[4]，人间决无此味。"

译文

苏东坡有一天晚上与弟弟苏辙饮酒，酒兴正酣之时，把萝卜捶碎煮烂，不用其他作料，只放了一些研碎的白米粒。吃过之后，忽然放下筷子，手抚着案几说："如果不是天竺的酥酡，人间绝对没有这样的美味。"

❶糁（shēn）：谷物磨成的小碎粒。❷子由：苏辙，字子由，苏轼之弟，北宋文学家，『唐宋八大家』之一。❸芦菔（fú）：萝卜。❹天竺酥酡：天竺，古印度。酥酡，古印度的酪制食品。

玉糁羹

百合面

春秋仲月[1]，采百合根，曝干，捣筛，和面，作汤饼，最益血气。又，蒸熟可以佐酒。《岁时广记》[2]："二月种，法宜鸡粪。"《化书》[3]："山蚯化为百合。"乃宜鸡粪，岂物类之相感耶？

译文

每年春秋两季的第二个月，采百合根，晒干，捣碎筛细，揉面做成汤饼，最能益气补血。另外，百合根蒸熟之后还可以下酒。《岁时广记》云："二月种百合，适合用鸡粪施肥。"《化书》云："百合是山蚯蚓变成的。"所以种百合宜用鸡粪，难道是万物之间的相互感应吗？

❶仲月：每个季度的第二个月。❷《岁时广记》：南宋陈元靓所著的岁时风俗著作。❸《化书》：五代谭峭所著的道家著作。

百合面

栝蒌[1]粉

孙思邈法：深掘大根，厚削至白，寸切，水浸，一日一易，五日取出。捣之以力，贮以绢囊，滤为玉液，候其干矣，可为粉食。杂粳为糜[2]，翻匙雪色，加以乳酪，食之补益。又方：取实，酒炒微赤，肠风[3]血下，可以愈疾。

译文

孙思邈做栝蒌粉的方法：深挖栝蒌的大根，多削根皮直至露出白瓤，切成一寸大小，用水浸泡，每天换一次水，五天后取出。用力捣烂，用绢囊收贮，过滤出白色的汁液，等到晒干了，就可以做栝蒌粉了。掺杂粳米做成粥糜，用汤匙搅动，呈现出雪白色，再把乳酪加进去，吃了能够补益身体。另外的方法：取栝蒌的果实，用酒炒至微红，可以治疗便血之病。

❶栝蒌（guā lóu）：多年生藤本植物，可入药。❷糜（mí）：粥。❸肠风：便血，中医病名。

栝蒌粉

素蒸鸭又云卢怀谨[1]事

郑馀庆[2]召亲朋食，敕令家人曰："烂煮去毛，勿拗折项。"客意鹅鸭也。良久，乃蒸葫芦一枚耳。今岳倦翁珂[3]《书食品付庖者》诗云："动指不须占染鼎，去毛切莫拗蒸壶。"岳，勋阀也，而知此味，异哉！

译文

郑馀庆召集亲友吃饭，吩咐家人说："要煮烂去毛，切勿折断颈项。"客人以为他说的是鹅鸭之类的食物。等了很久，才知道原来是一个蒸葫芦。如今岳珂《书食品付庖者》诗云："动指不须占染鼎，去毛切莫拗蒸壶。"岳珂，出身功勋世家，却知道蒸葫芦这道菜，真是与众不同啊！

❶卢怀谨：唐代官员。❷郑馀庆：字居业，唐代官员。❸岳珂：字肃之，号亦斋，晚号倦翁，岳飞之孙，南宋文学家。

素蒸鸭

黄精[1]果饼、茹附

仲春[2]，深采根，九蒸九曝，捣如饴[3]，可作果食。又，细切一石[4]，水二石五升，煮去苦味，漉入绢袋压汁，澄之，再煎如膏。以炒黑豆、黄米，作饼约二寸大。客至，可供二枚。又，采苗可为菜茹。隋羊公服法："芝草之精也，一名'仙人余粮'。"其补益可知矣。

译文

每年农历二月，深挖黄精根，经过多次蒸煮曝晒，捣成饴糖状，可以做成黄精果。另外的做法是，细切一石黄精，放水二石五升，煮去苦味，装入绢袋里压出汁液，将其澄清，再煎成膏状。用它与黑豆、黄米一起炒，做成约二寸大小的黄精饼。有客到访，可以请他吃两枚。此外，采摘黄精苗，可以做成黄精茹。隋代羊公的《服黄精法》称"黄精"为"芝草精华，又叫'仙人余粮'"，它的补益功效可想而知。

❶黄精：多年生草本植物，可入药。❷仲春：春季的第二个月。❸饴：饴糖，用麦芽制成的糖。❹石（dàn）：容量单位，十斗为一石。

黄精果

傍林鲜

夏初，林笋盛时，扫叶就竹边煨[1]熟，其味甚鲜，名曰“傍林鲜”。文与可[2]守临川[3]，正与家人煨笋午饭，忽得东坡书，诗云：“想见清贫馋太守，渭川千亩在胸中。”不觉喷饭满案。想作此供也。大凡笋贵甘鲜，不当与肉为友。今俗庖多杂以肉，不思才有小人，便坏君子。“若对此君[4]成大嚼，世间那有扬州鹤”，东坡之意微矣。

译文

夏初，林中竹笋长势正盛之时，在竹旁扫叶生火，煨熟竹笋，味道特别鲜美，所以取名为“傍林鲜”。文与可做临川太守，有一天正和家人煨笋吃午饭，忽然收到苏东坡的来书，书内有诗云：“想见清贫馋太守，渭川千亩在胸中。”让他不禁笑到喷饭。想来他做的就是这道菜。凡是竹笋都崇尚甘鲜，不应与肉同食。现在粗俗的厨师大多在笋中掺肉，他们没想过，一旦有了小人，便会败坏君子的品格。“若对此君成大嚼，世间那有扬州鹤”，苏东坡的寓意很深微啊！

❶煨：微火慢煮，或放在火灰中烤熟。❷文与可：文同，字与可，号笑笑居士，人称石室先生，北宋画家、诗人。❸临川：在今江西抚州。❹此君：竹的代称。

傍林鲜

雕菰[1]饭

雕菰，叶似芦，其米黑，杜甫故有“波翻菰米沉云黑”之句。今胡穄是也。曝干，砻[2]洗，造饭既香而滑，杜诗又云：“滑忆雕菰饭。”又，会稽人顾翱[3]，事母孝。母嗜雕菰饭，翱常自采撷。家濒太湖，后湖中皆生雕菰，无复余草，此孝感也。世有厚于己，薄于奉亲者，视此宁无愧乎？呜呼！孟笋王鱼[4]，岂有偶然哉！

译文

雕菰，叶子像芦苇，米是黑色的，所以杜甫有“波翻菰米沉云黑”的诗句。雕菰就是现在的胡穄。将雕菰晒干，脱谷洗净，做成的饭既香又滑，杜诗又有“滑忆雕菰饭”的说法。此外，会稽人顾翱，侍奉老母非常孝顺。母亲爱吃雕菰饭，顾翱经常自己去采摘。他家临近太湖，后来湖中长满雕菰，没有别的杂草，这是他的孝心感动天地的结果。世上有厚待自己却薄待双亲的人，他们看到顾翱的事迹，难道不会感到羞愧吗？哎！孟宗哭笋、王祥卧鲤的典故，哪里是偶然之事哪！

❶雕菰：菰米，多年生水生草本植物，可食用。❷砻（lóng）：磨搓脱谷。❸顾翱：西汉孝子，会稽（今浙江绍兴）人。❹孟笋王鱼：孟宗哭竹生笋，王祥卧冰求鲤，均为『二十四孝』故事。

雕菰饭

锦带[1]羹

锦带者，又名“文官花”也，条生如锦。叶始生，柔脆可羹，杜甫诗有“香闻锦带羹”之句。或谓莼[2]之萦纡如带，况莼与菰同生水滨。昔张翰[3]临风，必思莼鲈以下气。按《本草》：“莼鲈同羹，可以下气止呕。”以是知张翰在当时意气抑郁，随事呕逆，故有此思耳，非莼鲈而何？杜甫卧病江阁，恐同此意也。

谓锦带为花，或未必然。仆居山时，因见有羹此花者，其味亦不恶。注谓“吐绶鸡[4]”，则远矣。

译文

锦带，又名“文官花”，枝条长得貌似锦带，因而得名。新生的嫩叶柔软清脆，可以做羹，杜甫诗有“香闻锦带羹”之句。有人认为杜诗中的“锦带”形容的是莼菜的茎叶像带子一样缠绕弯曲，况且莼菜和雕菰都生长在水边。从前，张翰在秋风起时，必定会想吃莼菜、鲈鱼来顺气。据《本草》云：“莼菜、鲈鱼一起做羹，可以顺气、止呕。”由此可知，张翰在当时心情抑郁，不时恶心反胃，所以才有这个念头，不吃莼菜、鲈鱼还能吃什么呢？杜甫写诗之时，病卧在江上小阁里，恐怕和张翰的想法相同吧。

有人认为杜诗的“锦带”指的是锦带的花朵，可能未必真确。我住在山中的时候，曾经见过有人用此花做羹，味道也不算差。有的杜诗注将“锦带”解释成火鸡，这就谬以千里了。

❶锦带：多年生落叶灌木，可食用。❷莼：莼菜，多年生水生草本植物，可食用。❸张翰：字季鹰，西晋文学家。❹吐绶鸡：火鸡，又名『吐锦鸡』。

锦带羹

煿[1]金煮玉

笋取鲜嫩者，以料物和薄面，拖油煎煿如黄金色，甘脆可爱。旧游莫干[2]，访霍如庵正夫，延早供。以笋切作方片，和白米煮粥，佳甚。因戏之曰："此法制惜气[3]也。"济颠[4]《笋疏》云"拖油盘内煿黄金，和米铛中煮白玉"，二者兼得之矣。霍，北司[5]贵公也，乃甘山林之味，异哉！

译文

选取鲜嫩竹笋，放入作料揉成薄面，入油煎炒至金黄色，甘脆可口。从前游莫干山，拜访霍正夫，他请我吃早饭。将竹笋切成方片，和白米一起煮粥，味道很好。我于是调侃他说："这种做法很省力气嘛。"济公《笋疏》云"拖油盘内煿黄金，和米铛中煮白玉"，两种做法都提到了。霍正夫是北司高官，竟然喜欢山林之味，真是与众不同啊！

❶煿（bó）：煎炒或烘烤。❷莫干：莫干山，在今浙江湖州。❸惜气：用各种方法保存元气，古代养生法。❹济颠：释道济，俗称济公，南宋僧人。❺北司：内侍省的别称，或泛指宦官。

焞金煮玉

土芝丹小者土栗

芋，名“土芝”。大者，裹以湿纸，用煮酒和糟涂其外，以糠皮火煨之。候香熟，取出，安坳[1]地内，去皮温食。冷则破血，用盐则泄精。取其温补，名“土芝丹”。

昔懒残师[2]正煨此牛粪火中。有召者，却之曰：“尚无情绪收寒涕，那得工夫伴俗人。”又，山人诗云：“深夜一炉火，浑家团栾[3]坐。煨得芋头熟，天子不如我。”其嗜好可知矣。

小者，曝干入瓮。候寒月，用稻草盦熟，色香如栗，名“土栗”。雅宜山舍拥炉之夜供。赵两山汝吟[4]诗云：“煮芋云生钵，烧茅雪上眉。”盖得于所见，非苟作也。

译文

芋头，又叫“土芝”。取大芋头，拿湿纸包裹，在外面涂上温酒和酒糟，再用糠皮火慢烤。等散出熟香后，取出，放在洼地里，剥去皮趁热吃。如果吃冷的，就会失血；吃加盐的，就会耗精。鉴于它的温补功效，取名为“土芝丹”。

从前懒残禅师正在牛粪火中烤芋头。有人过来请他，他拒绝说：“尚无情绪收寒涕，那得工夫伴俗人。”此外，山人诗云：“深夜一炉火，浑家团栾坐。煨得芋头熟，天子不如我。”他们对芋头的喜爱程度可想而知。

取小芋头，晒干后放入瓮中。等到冬天，用稻草火焖熟，颜色香味如同板栗，取名“土栗”。这种食物非常适合作

❶坳（ào）：地面低洼处。❷懒残师：释明瓒，号懒残，唐代僧人。❸团栾（luán）：团聚；围绕。❹赵两山汝吟：赵汝吟，字仁父，号两山，南宋官员。

土芝丹

为山家围炉烤火之时的夜宵。赵汝吟诗云："煮芋云生钵，烧茅雪上眉。"这句诗应该是亲眼所见，并非胡编乱造。

柳叶韭温，无毒，归心，安五脏，又名“藿”。

杜诗“夜雨剪春韭”，世多误为剪之于畦[1]，不知“剪”字极有理。盖于煠[2]时必先齐其本，如烹薤“圆齐玉箸头”之意。乃以左手持其末，以其本竖汤内，少剪其末，弃其触也。只煠其本，带性投冷水中，取出之，甚脆。然必以竹刀截之。

又方：采嫩柳叶少许同煠，尤佳，故曰“柳叶韭”。

译文

杜甫诗“夜雨剪春韭”，世人大多误以为他是在菜畦里剪韭菜，却不知“剪”字的门道很深。原来在炸韭菜的时候，必须先让它的根部整齐，就像烹薤要“圆齐玉箸头”一样。要用左手拿着韭叶，把韭根竖在开水里，稍微剪去叶尖，扔掉多余的部分。只炸韭根，保留原来的色泽，投入冷水中，取出来吃，口感很脆。但是，韭菜必须用竹刀切。

另一种做法：采少量鲜嫩柳叶，和韭菜一起炸，味道尤其好，所以取名为“柳叶韭”。

❶畦（qí）：由土埂分成的小片田地。❷煠（zhá）：同『炸』。

柳叶韭

松黄[1]饼

暇日，过大理寺[2]，访秋岩陈评事介。留饮，出二童，歌渊明《归去来辞》，以松黄饼供酒。陈方巾美髯，有超俗之标。饮边味此，使人洒然起山林之兴，觉驼峰、熊掌皆下风矣。

春末，松花黄和蜜模作饼，如鸡舌、龙涎[3]状，不惟香味清甘，亦自有所益也。

译文

有天闲暇无事，到大理寺拜访评事陈介。他留我饮酒，唤出两个童子，吟唱陶渊明的《归去来兮辞》，并用松黄饼下酒。陈介头戴方巾，面留美须，有超尘绝俗的风姿。一边喝酒一边品尝松黄饼，让人不禁产生隐居山林的兴致，觉得驼峰、熊掌都要甘拜下风。

每年春末，将松花和蜂蜜搅拌成鸡舌香和龙涎香那样的状态，再用模具做成饼，不仅香味清甜，也对身体有益。

❶松黄：松花，可入药。❷大理寺：掌管刑狱的官署。❸鸡舌、龙涎：鸡舌香和龙涎香，两种香料名。

松黄饼

酥琼叶

宿蒸饼，薄切，涂以蜜，或以油，就火上炙。铺纸地上，散火气。甚松脆，且止痰化食。杨诚斋[1]诗云："削成琼叶片，嚼作雪花声。"形容尽善矣。

译文

把隔夜的蒸饼切成薄片，涂上蜂蜜或油，放在火上烤。在地上铺纸，将烤好的饼放在上面，散出火气。口感非常松脆，而且可以止痰化食。杨万里诗云："削成琼叶片，嚼作雪花声。"把这道菜形容得尽善尽美了。

[1] 杨诚斋：杨万里，字廷秀，号诚斋，南宋"中兴四大诗人"之一。

酥琼叶

元修菜

东坡有故人巢元修[①]菜诗。每读"豆荚圆而小，槐芽细而丰"之句，未尝不实搜畦垄间，必求其是。时询诸老圃，亦罕能道者。一日，永嘉[②]郑文干归自蜀，过梅边。有叩之，答曰："蚕豆也，即弯豆[③]也，蜀人谓之'巢菜'。苗叶嫩时，可采以为茹。择洗，用真麻油熟炒，乃下酱、盐煮之。春尽，苗叶老，则不可食。坡所谓'点酒下盐豉，缕橙芼姜葱'者，正庖法也。"

君子耻一物不知，必游历久远，而后见闻博。读坡诗二十年，一日得之，喜可知矣。

译文

苏东坡给故人巢元修写过《元修菜》诗。每次读到"豆荚圆而小，槐芽细而丰"这句，经常会去菜园田地里面实地搜寻，总想弄清楚诗里写的是什么菜。多次询问过老菜农，也很少有人能说明白。有一天，永嘉的郑文干从蜀地回来，路过梅边。我向他请教，他回答说："诗里写的是蚕豆，也就是豌豆，蜀人叫它'巢菜'。豆苗鲜嫩的时候，可以采来做菜。择菜洗净，用真麻油炒熟，再放盐、酱煮熟。春天过去，豆苗变老，就不能吃了。苏东坡诗中所说的'点酒下盐豉，缕橙芼姜葱'，正是这道菜的烹饪方法。"

君子以一物不知为耻，一定要游历四方，然后才能见多识广。我读苏东坡诗已有二十年，一天之间得到答案，喜悦之情可想而知。

❶巢元修：巢谷，字元修，北宋眉州眉山人。❷永嘉：今浙江永嘉。❸弯豆：此处指豌豆。

元修菜

紫英菊

菊，名“治蘠”，《本草》名“节花”，陶注[1]云：“菊有二种，茎紫，气香而味甘，其叶乃可羹；茎青而大，气似蒿而苦，名‘苦薏’，非也。”今法：春采苗叶，略炒，煮熟，下姜、盐，羹之，可清心明目。加枸杞叶，尤妙。

天随子[2]《杞菊赋》云：“尔杞未棘，尔菊未莎，其如予何。”《本草》：“其杞叶似榴而软者，能轻身益气。其子圆而有刺者，名‘枸棘’，不可用。”杞、菊，微物也，有少差，犹不可用。然则君子小人，岂容不辨哉！

译文

菊，又名“治蘠”，《本草》叫它“节花”，陶弘景注云：“菊有两种，一种是紫茎的，气味香甜，只有它的叶片才能做羹；另一种是青茎的，体形更大，气味像蒿草而又发苦，名叫‘苦薏’，不能食用。”现在的做法：春天采摘苗叶，略微翻炒，然后煮熟，放入姜、盐，做成羹汤，可以清心明目。加入枸杞叶，效果尤其好。

陆龟蒙《杞菊赋》云：“尔杞未棘，尔菊未莎，其如予何。”《本草》云：“那些叶片貌似石榴而又柔软的枸杞，有轻身益气的功效。那些果实圆又有刺的，叫作‘枸棘’，不可食用。”杞、菊，都是微不足道的东西，稍有差别，尚且不可食用。那么，对于君子和小人，又怎么能不严加辨别呢？

❶陶注：陶弘景的《本草经集注》。❷天随子：陆龟蒙，字鲁望，号天随子，唐代诗人。

紫苋菊

银丝供

张约斋镃[1]，性喜延山林湖海之士。一日，午酌数杯后，命左右作银丝供，且戒之曰："调和教好，又要有真味。"众客谓必脍[2]也。良久，出琴一张，请琴师弹《离骚》一曲。众始知"银丝"乃琴弦也；"调和教好"，调弦也；"又要有真味"，盖取陶潜"琴书中有真味"之意也。张，中兴勋家也，而能知此真味，贤矣哉！

译文

张镃喜欢宴请山林湖海的隐士。有一天，中午饮酒数杯后，命人去做"银丝供"，并且告诫说："要调和好，又要有真味。"客人们都以为这道菜一定是肉脍。过了很久，摆出一张琴，请琴师弹了一曲《离骚》。大家这才明白"银丝"是指琴弦；"调和教好"是指调弦；"又要有真味"，当是取自陶渊明"琴书中有真味"之意。张镃，出身南宋的功勋世家，却能知道琴中真味，堪称贤人啊！

❶张约斋镃：张镃，字功甫，号约斋，南宋文学家。❷脍：细切的肉。

银丝供

凫茨[1]粉

凫茨粉，可作粉食，其滑甘异于他粉。偶天台[2]陈梅庐见惠，因得其法。

凫茨，《尔雅》“一名‘芍’”，郭[3]云：“生下田，苗似龙须而细，根如指头而黑。”即荸荠也。采以曝干，磨而澄滤之，如绿豆粉法。后读刘一止《非有类稿》，有诗云：“南山有蹲鸱，春田多凫茨。何必泌之水，可以疗我饥。”信乎可以食矣。

译文

凫茨粉可以做成食用粉，比其他粉的口感更为甘滑。偶然有次得到了天台陈梅庐的惠赠，顺便也学会了这道菜的做法。

凫茨，《尔雅》“又叫芍”，郭璞注云：“生长在低洼田地，苗叶像龙须而更细，根茎像指头而发黑。”也就是荸荠。采来晒干，磨粉再澄清过滤，和绿豆粉的做法一样。后来读刘一止的《非有类稿》，有诗云：“南山有蹲鸱，春田多凫茨。何必泌之水，可以疗我饥。”看来确实是可以食用的。

❶凫茨（fú cí）：又名『荸荠（bí qí）』，多年生草本植物，可入药。❷天台（tāi）：今浙江天台。

❸郭：郭璞，字景纯，东晋学者、文学家，著有《尔雅注》。

凫茨粉

薝卜[1]煎 又名“端木煎”

旧访刘漫塘宰[2]，留午酌，出此供，清芳极可爱。询之，乃栀子花也。采大瓣者，以汤焯过，少干，用甘草水和稀面，拖油煎之，名“薝卜煎”。杜诗云：“于身色有用，与道气相和。”今既制之，清和之风备矣。

译文

以前有次拜访刘宰，他留我中午饮酒，端出这道菜，清新芳香，极其令人喜爱。询问方知，原来是栀子花。采大瓣栀子花，用热水焯过，稍微晾干，再加甘草水一起揉成稀面，放在油里煎炸，取名“薝卜煎”。杜甫诗云：“于身色有用，与道气相和。”现在做好这道菜，可以说清和之风都具备了。

❶薝（zhān）卜：栀子花，多年生常绿灌木，可食用，可入药。❷刘漫塘宰：刘宰，字平国，号漫塘病叟，南宋官员。

薝卜煎

蒿蒌[1]菜　蒿鱼羹 山房子少鲁，号谷梅。

旧客江西林山房书院，春时多食此菜。嫩茎去叶，汤焯，用油、盐、苦酒沃之为茹。或加以肉燥，香脆良可爱。

后归京师，春辄思之。偶与李竹野制机伯恭邻，以其江西人，因问之。李云："《广雅》名'蒌'，生下田，江西用以羹鱼。陆《疏》云：'叶似艾，白色，可蒸为茹。'即《汉广》'言刈其蒌'之'蒌'矣。"山谷[2]诗云："蒌蒿数箸玉簪横。"及证以诗注，果然。李乃怡轩之子，尝从西山[3]问宏词法，多识草木，宜矣。

译文

从前客居在江西林谷梅山房书院时，春天经常吃这道菜。采蒌蒿嫩茎，去叶，用热水焯，再将油、盐、醋浇上去做成菜。或者加入肉臊，口感香脆，非常令人喜爱。

后来回到京城，每逢春天就会想到这道菜。偶然和李竹野为邻，因为他是江西人，就去询问这道菜。李竹野说："《广雅》叫它'蒌'，生长在低洼田地，江西人用它做鱼羹。陆机《毛诗疏》说：'蒌叶像艾叶，白色，可以蒸成菜。'也就是《汉广》'言刈其蒌'这句诗中的'蒌'。"黄庭坚诗云："蒌蒿数箸玉簪横。"等到用诗歌注释来对证，果真如其所言。李竹野是李怡轩的儿子，曾经跟从真德秀学习考取博学宏词科的方法，了解很多花草树木也是理所应当的。

❶蒿蒌（hāo lóu）：蒌蒿，多年生草本植物，可食用，可入药。❷山谷：黄庭坚，字鲁直，号山谷道人，北宋文学家、书法家。❸西山：真德秀，字希元，号西山，南宋官员、理学家。

蒿蒌菜

蒿鱼羹

玉灌肺

真粉、油饼、芝麻、松子、核桃去皮，加莳萝[1]少许，白糖、红曲少许，为末，拌和，入甑[2]蒸熟。切作肺样块子，用辣汁供。今后苑名曰“御爱玉灌肺”，要之，不过一素供耳。然以此见九重[3]崇俭不嗜杀之意，居山者岂宜侈乎！

译文

真粉、油饼、芝麻、松子、核桃去皮，加入少量莳萝和少量白糖、红曲，研磨成末，搅拌混合，放入甑中蒸熟。取出后，切成肺样的方块，蘸辣汁吃。现在宫廷御厨给这道菜取名为“御爱玉灌肺”，其实不过是一道素菜而已。但是由此可见皇上崇尚俭朴、不喜杀生的深意，隐居山林的人难道应该奢侈吗？

❶莳（shí）萝：又名『土茴香』，多年生草本植物。❷甑（zèng）：古代蒸食器具。❸九重：君王的代称。

玉灌肺

进贤菜苍耳饭

苍耳[7]，枲耳也，江东名“上枲”，幽州名“爵耳”，形如鼠耳。陆机《疏》云：“叶青白色，似胡荽[2]，白花细茎，蔓生。”采嫩叶洗焯，以姜、盐、苦酒拌为茹，可疗风。杜诗云：“苍耳况疗风，童儿且时摘。”《诗》之《卷耳》首章云：“嗟我怀人，置彼周行。”酒醴，妇人之职。臣下勤劳，君必劳之。因采此而有所感，念及酒醴之用，以此见古者后妃欲以进贤之道讽其上，因名“进贤菜”。张氏诗曰：“闺阃[3]诚难与国防，默嗟徒御困高冈。觥罍[4]欲解痡瘏[5]恨，采耳元因避酒浆。”其子可杂米粉为糗，故古诗有“碧涧水淘苍耳饭”之句云。

译文

苍耳，就是枲耳，江东叫它“上枲”，幽州叫它“爵耳”，形状像老鼠的耳朵。陆机《毛诗疏》云：“苍耳叶片呈青白色，貌似胡荽，开白花，长细茎，生藤蔓。”采来嫩叶，洗净焯干，加入姜、盐、醋，做成拌菜，可以治疗风疾。杜甫诗云：“苍耳况疗风，童儿且时摘。”《诗经·卷耳》第一章云：“嗟我怀人，置彼周行。”制备酒醴，是妇人的职务。臣下勤劳政务，君主一定要慰劳他们。因为采摘卷耳，而有所感触，至于酒醴的用处，可以看出古代后妃想以此讽谏君主选用贤才的深意，因此给这道菜取名为“进贤菜”。张载诗云“闺阃诚难与国防，默嗟徒御困高冈。

❶苍耳：又名『卷耳』『枲（xǐ）耳』，一年生草本植物。❷胡荽（suī）：一年生或二年生草本植物。❸阃（kǔn）：内室，借指妇女。❹觥罍（gōng léi）：古代的盛酒器。❺痡瘏（pū tú）：疲劳生病。

进贤菜

觥罍欲解痛瘏恨，采耳元因避酒浆。”苍耳的果实可以掺杂米粉，做成干粮，所以古诗有“碧涧水淘苍耳饭”的说法。

山海兜

春采笋、蕨之嫩者，以汤瀹过。取鱼、虾之鲜者，同切作块子。用汤泡，滚蒸熟，入酱油、麻油、盐，研胡椒，同绿豆粉皮拌匀，加滴醋。今后苑多进此，名“虾鱼笋蕨兜”。今以所出不同，而得同于俎豆[1]间，亦一良遇也，名“山海兜”。或即羹以笋、蕨，亦佳。许梅屋棐[2]诗云：“趁得山家笋蕨春，借厨烹煮自吹薪。倩[3]谁分我杯羹去，寄与中朝食肉人。”

译文

春天采摘鲜嫩的竹笋和蕨菜，用热水烫过。再选取新鲜的鱼虾，一起切成方块。用热水浸泡，滚水蒸熟，放入酱油、麻油、盐和研磨好的胡椒粉，和绿豆粉皮一起搅拌均匀，再加入醋。现在宫廷御厨经常进奉这道菜，取名为“虾鱼笋蕨兜”。现在因为笋、蕨和鱼、虾的产地不同，却能同时出现在食器之内，也算是一段奇缘了，所以命名为“山海兜”。有人只用笋、蕨做羹，味道也很好。许棐诗云：“趁得山家笋蕨春，借厨烹煮自吹薪。倩谁分我杯羹去，寄与中朝食肉人。”

❶俎（zǔ）豆：古代祭祀和宴会上用于盛放食品的礼器。❷许梅屋棐（fěi）：许棐，字忱夫，号梅屋，南宋江湖派诗人。❸倩：请；借助。

山海兜

拨霞供

向游武夷六曲[1]，访止止师。偶雪天得一兔，无庖人可制。师云："山间只用薄批[2]，酒、酱、椒料沃之。以风炉安座上，用水少半铫[3]。候汤响，一杯后，各分以箸，令自夹入汤摆熟啖之，乃随宜各以汁供。"因用其法，不独易行，且有团栾热暖之乐。

越五六年，来京师，乃复于杨泳斋伯岩[4]席上见此，恍然去武夷如隔一世。杨，勋家，嗜古学而清苦者，宜安此山林之趣。因诗之："浪涌晴江雪，风翻晚照霞。"末云："醉忆山中味，都忘是贵家。"猪、羊皆可。《本草》："兔肉补中益气，不可同鸡食。"

译文

从前游历武夷六曲，拜访止止师。偶然在雪天抓到一只兔子，但是没有厨师可以烹制。止止师说："在山里，只需要把肉切薄，用酒、酱、椒料腌渍。把风炉安在桌上，放上少半铫的水。等水烧开，饮过一杯酒后，再各自用筷子夹肉，放在开水里涮熟吃，根据各人的口味去蘸调料即可。"于是用这种做法吃肉，不仅方便易行，而且有团聚热闹的乐趣。

过了五六年，我来到京城，又在杨伯岩的宴席上见到这道菜，武夷之游恍如隔世。杨伯岩出身功勋世家，本人嗜好古学而清苦度日，所以能够安享这种山林之趣。于是我作诗记录此事，云："浪涌晴江雪，风翻晚照霞。"末尾

❶武夷六曲：今福建武夷山六曲溪。❷薄批：切成薄片。❸铫（diào）：古代烧水煎药用的器具。
❹杨泳斋伯岩：杨伯岩，字彦瞻，号泳斋。

拨霞供

云："醉忆山中味，都忘是贵家。" 猪、羊肉都可以这样做。《本草》说："兔肉补中益气，不可同鸡一起吃。"

骊塘羹

曩[1]客于危骊塘书院，每食后，必出菜汤，清白极可爱。饭后得之，醍醐甘露未易及此。询庖者，止用菜与芦菔，细切，以井水煮之，烂为度。初无他法，后读东坡诗，亦只用蔓菁[2]、莱菔[3]而已。诗云："谁知南岳老，解作东坡羹。中有芦菔根，尚含晓露清。勿语贵公子，从渠嗜膻腥。"以此可想二公之嗜好矣。今江西多用此法者。

译文

从前客居危骊塘书院时，每次饭后，一定端出菜汤喝，颜色清白，令人喜爱。饭后喝这道汤，就连醍醐、甘露也难以媲美。询问厨师这道汤的做法，原来只是将青菜、萝卜切成细块，用井水煮，直到烂熟为止。起初并无他法，后来读苏东坡的诗，他也只是用蔓菁、萝卜而已。其诗云："谁知南岳老，解作东坡羹。中有芦菔根，尚含晓露清。勿语贵公子，从渠嗜膻腥。"由此可以想见这二位人物的喜好。现在江西仍有很多人用这种方法煮汤。

❶曩（nǎng）：从前，过去。❷蔓菁：俗称盘菜，一年生或二年生草本植物，可食用。❸莱菔：萝卜，又名『芦菔』『萝菔』。

骊塘羹

真汤饼

翁瓜圃[1]访凝远居士，话间，命仆作真汤饼来。翁谓："天下安有假汤饼？"及见，乃沸汤泡油饼，一人一杯耳。翁曰："如此则汤泡饭，亦得名'真泡饭'乎？"居士曰："稼穑[2]作，苟无胜食气[3]者，则真矣。"

译文

翁定拜访凝远居士的时候，谈话之间，居士吩咐仆人去做真汤饼。翁定纳闷："天下难道有假汤饼吗？"等到端上来，才知道原来是热水泡油饼，一人一杯而已。翁定说："按照这样说，那么汤泡饭也能叫'真泡饭'吗？"居士说："只要是粮食做的，没有放肉，就能称得上真味了。"

❶翁瓜圃：翁定，字应叟，号瓜圃，南宋诗人。❷稼穑：种植与收割，泛指农业劳动。❸食气：谷类主食。胜食气者，指肉食。

真汤饼

沆瀣[1]浆

雪夜，张一斋饮客。酒酣，簿书[2]何君时峰出沆瀣浆一瓢，与客分饮。不觉，酒客为之洒然。客问其法，谓得之禁苑，止用甘蔗、白萝菔，各切方块，以水煮烂而已。盖蔗能化酒，萝菔能消食也。酒后得此，其益可知矣。《楚辞》有“蔗浆”，恐只此也。

译文

张一斋在雪夜请客喝酒。酒酣之时，簿书何时峰端出一瓢沆瀣浆，分给客人喝。不知不觉间，喝酒的客人醉意全无。客人问它的做法，何时峰说这道汤出自于皇宫禁苑，只用甘蔗、白萝卜，各自切成方块，用水煮烂而已。原来甘蔗能解酒，萝卜能消食。醉酒之后再喝这道汤，就能知道它的好处了。《楚辞》提到了“蔗浆”，恐怕就是沆瀣浆吧。

❶沆瀣（hàng xiè）：夜间的水汽，露水。旧谓仙人所饮。❷簿书：本指官署文书，这里指管理官署文书的官员。

沆瀣浆

神仙富贵饼

白术[1]用切片子，同石菖蒲[2]煮一沸，曝干为末，各四两。干山药为末三斤，白面三斤，白蜜炼过三斤，和作饼，曝干收。候客至，蒸食，条切，亦可羹。章简公诗云："术荐神仙饼，菖蒲富贵花。"

译文

白术切片，和石菖蒲一起煮开，晒干研末，各取四两。干山药三斤研成末，白面三斤，白炼蜜三斤，揉成饼，晒干后收贮。等到客人造访，就取出蒸着吃，切条，也可以做羹。章简公诗云："术荐神仙饼，菖蒲富贵花。"

❶白术（zhú）：多年生草本植物，可入药。❷石菖（chāng）蒲：多年生草本植物，可入药。

神仙富贵饼

香圆[1]杯

谢益斋奕礼不嗜酒，常有“不饮但能看客醉”之句。一日书余琴罢，命左右剖香圆作二杯，刻以花，温上所赐酒以劝客。清芬霭然，使人觉金樽玉斝[2]皆埃壒[3]之矣。香圆似瓜而黄，闽南一果耳，而得备京华鼎贵之清供，可谓得所矣。

译文

谢奕礼不爱喝酒，曾经有“不饮但能看客醉”的诗句。一天看书弹琴之后，命人把香圆剖成两只酒杯，在上面雕花，温好皇帝所赐御酒，倒入杯中来让客人喝。香圆杯中的酒，清香绵柔，让人视金樽玉斝如尘土。香圆像瓜而发黄，只是闽南的一种水果，却能成为京城贵族的雅具，可以说适得其所了。

❶香圆：又名『香橼（yuán）』，此处指香橼树的果实。❷斝（jiǎ）：古代的酒器。❸埃壒（ài）：尘埃。

香圆杯

蟹酿橙

橙用黄熟大者，截顶，剜去瓤，留少液，以蟹膏肉实其内，仍以带枝顶覆之。入小甑，用酒、醋、水蒸熟，用醋、盐供食。既香而鲜，使人有“新酒菊花，香橙螃蟹”[1]之兴。因记危巽斋稹赞[2]蟹云：“黄中通理，美在其中。畅于四肢，美之至也。”此本诸《易》，而于蟹得之矣，今于橙蟹又得之矣。

译文

用成熟的大黄橙，切顶剜瓤，留下少许汁液，在里面填满蟹膏肉，仍用切下的带枝顶盖上。放入小甑，用酒、醋、水蒸熟，蘸着醋、盐吃。味道鲜香，让人有“新酒菊花，香橙螃蟹”的雅兴。于是记起危稹所作的蟹赞：“黄中通理，美在其中。畅于四肢，美之至也。”这句话本出自《周易》，而在螃蟹上得以体现，如今又在橙蟹上得以体现。

❶新酒菊花，香橙螃蟹：即『香橙螃蟹月，新酒菊花天』，古代谚语。❷赞：古代的评论性文体，多为韵文。

蟹酿橙

莲房①鱼包渔父三鲜，莲、菊、菱汤齑也。

将莲花中嫩房去瓤截底，剜瓤留其孔。以酒、酱、香料加活鳜鱼块实其内，仍以底坐甑内蒸熟。或中外涂以蜜，出碟，用渔父三鲜供之。

向在李春坊席上曾受此供，得诗云："锦瓣金蓑织几重，问鱼何事得相容。涌身既入莲房去，好度华池独化龙。"李大喜，送端研②一枚、龙墨五笏③。

译文

将鲜嫩的莲房去瓤切底，剜瓤的时候保留莲孔。在里面填满酒、酱、香料和活鳜鱼块，仍用切下的莲房底封住，放入甑内蒸熟。或者在莲房内外涂上蜂蜜，用碟端出，用渔父三鲜做调料。

以前在李春坊的宴席上曾经吃过这道菜，作诗云："锦瓣金蓑织几重，问鱼何事得相容。涌身既入莲房去，好度华池独化龙。"李春坊很开心，送给我一方端研、五块龙墨。

❶莲房：莲蓬，莲花的花托。❷端研：产于广东肇庆的砚台，古代四大名砚之一。❸笏（hù）：本指古代朝见君主时，大臣所执的竹板。这里做量词，犹言『条、块』。

莲房鱼包

玉带羹

春访赵莼湖璧，弟竹潭雍亦在焉。论诗把酒，及夜无可供者。湖曰："吾有镜湖[①]之莼。"潭曰："雍有稽山[②]之笋。"仆笑："可有一杯羹矣。"乃命庖作"玉带羹"，以笋似玉、莼似带也。是夜甚适。今犹喜其清高而爱客也。每诵忠简公[③]"跃马食肉付公等，浮家泛宅真吾徒"之句，有此儿孙宜矣。

译文

有年春天拜访赵莼湖，他的弟弟竹潭也在。我们论诗饮酒，直到晚上没有东西可吃。莼湖说："我有镜湖的莼菜。"竹潭说："我有会稽山的竹笋。"我笑道："可以做一杯羹了。"于是吩咐厨师做"玉带羹"，因为竹笋似玉、莼菜似带，故而得名。这天晚上过得很舒服。赵氏兄弟品位清高而又待客热情，至今还令人喜爱。经常诵读赵忠简公"跃马食肉付公等，浮家泛宅真吾徒"的诗句，他有这样的子孙也是理所应当的。

❶镜湖：鉴湖，在今浙江绍兴。❷稽山：会稽山，在今浙江绍兴。❸忠简公：赵鼎，字元镇，号得全居士，谥号忠简，南宋政治家。

玉带羹

酒煮菜

鄱江[1]士友命饮，供以“酒煮菜”。非菜也，纯以酒煮鲫鱼也。且云：“鲫，稷[2]所化，以酒煮之，甚有益。”以鱼名菜，私窃疑之。及观赵与时《宾退录》所载：“靖州风俗，居丧不食肉，惟以鱼为蔬，湖北谓之‘鱼菜’。”杜陵[3]《白小》诗亦云：“细微沾水族，风俗当园蔬。”始信鱼即菜也。赵，好古博雅君子也，宜乎先得其详矣。

译文

鄱江的朋友请我饮酒，端上一道“酒煮菜”。结果并不是菜，只是用酒煮鲫鱼而已。他们还说：“鲫鱼是稷米变成的，用酒煮过，对身体很有益处。”他们把鱼称作菜，我心里对这种说法感到疑惑。直到我看见赵与时《宾退录》的记载：“靖州风俗，服丧期间不能吃肉，只能把鱼当作菜，湖北叫它‘鱼菜’。”杜甫《白小》诗也说：“细微沾水族，风俗当园蔬。”我这才相信鱼可以称为菜。赵与时是好古博雅的君子，率先知道其中详情也是理所应当的。

❶鄱（pó）江：饶河，在今江西东北部。❷稷（jì）：稷米，或泛指粮食作物。古人认为稷米能变成鲫鱼。

❸杜陵：杜甫自号少陵野老，故称『杜陵』。

酒煮菜

下卷

❶融雪煎茶：古代认为用雪水烹茶是文人风雅之举。

蜜渍梅花

杨诚斋诗云："瓮澄雪水酿春寒，蜜点梅花带露餐。句里略无烟火气，更教谁上少陵坛。"剥白梅肉少许，浸雪水，以梅花酿醖之。露一宿，取出，蜜渍之，可荐酒。较之融雪煎茶[7]，风味不殊也。

译文

杨诚斋诗云："瓮澄雪水酿春寒，蜜点梅花带露餐。句里略无烟火气，更教谁上少陵坛。"剥少量白梅肉，浸入雪水，放入梅花发酵。露天放置一夜，取出，用蜂蜜腌渍，可以用来下酒。相比于融雪煎茶，风味毫不逊色。

蜜渍梅花

持螯供有风虫，不可同柿食。

蟹生于江者黄而腥，生于河者绀[1]而馨，生于溪者苍而清。越淮多趋京[2]，故或枵[3]而不盈。楚有钱君谦斋震祖，惟砚存，复归于吴门。秋偶过之，把酒论文，犹不减乎昨之勤也。留旬余，每旦市蟹，必取其元，烹以酒、醋，杂以葱、芹，仰之以脐，少俟其凝。人各举其一，痛饮大嚼，何异乎拍浮于湖海之滨？庸庖簇饤，非曰不文，味恐失真。此物风韵，但以橙醋自足以发挥其所蕴也。

且曰："团脐膏，尖脐螯。秋风高，团者豪。请举手，不必刀。羹以蒿，尤可饕[4]。"因举山谷诗云："一腹金相玉质，两螯明月秋江。"真可谓诗中之骚。"举以手，不必刀"，尤见钱君之豪也。或曰："蟹所恶，祟朝雾。实筑筐，噀[5]以醋。虽千里，无所误。因笔之，为蟹助。"

译文

江蟹颜色发黄又有腥味，河蟹黑里透红而有香气，溪蟹颜色苍灰而味道清新。过了淮水，螃蟹个头越来越大，所以有的螃蟹腹中空空，并不饱满。楚人钱震祖，靠文字为生，又回到了苏州。有年秋天偶然过访他，一边饮酒一边论文，仍然和从前一样勤奋。在他家逗留十多天，每天早上去买螃蟹，一定选取个头大的，用酒、醋烹煮，加入葱、芹，将螃蟹翻过来肚脐朝上，稍等片刻让它冷却凝结。每人各拿一只，痛快喝酒，大口咀嚼，这与在湖海之滨畅游有什么差别呢？庸俗的厨师将螃蟹摆放整齐，不可谓不

❶绀（gàn）：稍微带红的黑色。❷京：高大。❸枵（xiāo）：空虚。❹饕（tāo）：贪吃。❺噀（xùn）：喷水。

持螯供

文雅，只是恐怕失去真味。其实只要用橙醋就足以发挥螃蟹所蕴含的风味了。

钱震祖还说："团脐膏，尖脐螯。秋风高，团者豪。请举手，不必刀。羹以蒿，尤可饕。"又举黄庭坚诗云："一腹金相玉质，两螯明月秋江。"这一句在诗歌中真可谓独领风骚。"举以手，不必刀"，尤其能看出钱震祖的豪兴。另外的说法是："蟹所恶，崇朝雾。实筑筐，噀以醋。虽千里，无所误。因笔之，为蟹助。"

汤绽梅

十月后，用竹刀取欲开梅蕊，上下蘸以蜡，投蜜缶中。夏月，以热汤就盏泡之，花即绽香，可爱也。

译文

每年十月之后，用竹刀采摘含苞待放的梅花，花苞上下用蜡蘸满，放入蜜缶中腌渍。等到夏天，将其放在杯盏中用热水浸泡，梅花就会立即绽放吐香，令人喜爱。

汤绽梅

通神饼

姜薄切，葱细切，以盐汤焯。和白糖、白面，庶不太辣。入香油少许，炸之，能去寒气。朱晦翁《论语注》[7]云“姜通神明”，故名之。

译文

姜切成薄片，葱切成细丝，用热盐水焯过。加入白糖、白面，使其不会太辣。倒入少量香油，然后炸熟，食用后能祛除寒气。朱晦翁《论语集注》云“姜能通神明”，所以取名为“通神饼”。

❶朱晦翁《论语注》：南宋理学家朱熹的《论语集注》。

通神饼

金饭

危巽斋云："梅以白为正，菊以黄为正，过此，恐渊明、和靖二公不取也。"今世有七十二种菊，正如《本草》所谓"今无真牡丹，不可煎煮"。

法：采紫茎黄色正菊英，以甘草汤和盐少许焯过，候饭少熟，投之同煮。久食，可以明目延年。苟得南阳甘谷水[①]煎之，尤佳也。

昔之爱菊者，莫如楚屈平、晋陶潜。然孰知爱之者，有刘石涧元茂焉，虽一行一坐，未尝不在于菊。翻帙得《菊叶》诗云："何年霜后黄花叶，色蠹犹存旧卷诗。曾是往来篱下读，一枝闲弄被风吹。"观此诗，不惟知其爱菊，其为人清介可知矣。

译文

危稹说："梅花以白色为正宗，菊花以黄色为正宗，除此之外，恐怕爱菊的陶渊明、爱梅的林和靖都不会认可。"现在世上有七十二种菊花，就像《本草》所说的"现在没有真正的牡丹，不能煎煮服用"。

金饭的做法：采摘紫茎黄色的正宗菊花，用甘草汤和少量盐在热水中焯过，等饭稍熟，将菊花投进去一起煮。长期食用，可以明目长寿。如果用南阳的甘谷水煎煮，效果尤其好。

过去喜爱菊花的人，首推楚国屈原、晋代陶渊明。但是很少有人知道有一个刘元茂也是爱菊之人，即使是一举

①南阳甘谷水：南阳，今河南南阳。据载，饮用南阳甘谷水可以长寿。

金饭

一动，他也一直心系菊花。翻阅他的书，看到一首《菊叶》诗云：“何年霜后黄花叶，色蠹犹存旧卷诗。曾是往来篱下读，一枝闲弄被风吹。”通过这首诗，不仅知道他喜爱菊花，而且也可以知道他为人处世的清廉耿直。

白石羹

溪流清处取白小石子，或带藓衣者一二十枚，汲泉煮之，味甘于螺，隐然有泉石之气。此法得之吴季高，且曰："固非通宵煮石[7]之石，然其意则清矣。"

译文

在溪流清澈的地方挑选一二十颗白色的或者带有苔藓的小石子，汲取泉水煮石，味道比螺肉更甘美，隐约间有山泉白石之气。这种做法出自吴季高，他还说："虽然不是仙人通宵煮过的石头，但是其中意趣非常清雅。"

白石羹

梅粥

扫落梅英，捡净洗之，用雪水同上白米煮粥。候熟，入英同煮。杨诚斋诗曰：“才看腊后得春饶，愁见风前作雪飘。脱蕊收将熬粥吃，落英仍好当香烧。”

译文

收集落下的梅花，捡洗干净，用雪水和上好的白米煮粥。等粥熟了，放入梅花一起煮。杨诚斋诗云：“才看腊后得春饶，愁见风前作雪飘。脱蕊收将熬粥吃，落英仍好当香烧。”

梅粥

山家三脆

嫩笋、小蕈[1]、枸杞头[2]，入盐汤焯熟，同香熟油、胡椒、盐各少许，酱油、滴醋拌食。赵竹溪密夫[3]酷嗜此，或作汤饼以奉亲，名“三脆面”。尝有诗云：“笋蕈初萌杞菜纤，燃松自煮供亲严。人间玉食何曾鄙，自是山林滋味甜。”蕈亦名“菰”。

译文

将嫩笋、小蕈、枸杞头放入盐汤焯熟，加入少量香熟油、胡椒、盐，用酱油和滴醋拌着吃。赵密夫特别喜欢吃这道菜，有时做成汤面给父母吃，取名为“三脆面”。曾经写诗云：“笋蕈初萌杞菜纤，燃松自煮供亲严。人间玉食何曾鄙，自是山林滋味甜。”蕈，又叫菰。

❶蕈（xùn）：此处指可食用的真菌。❷枸杞头：又名『枸杞菜』，枸杞的嫩茎叶，可入药。❸赵竹溪密夫：赵密夫，号竹溪，南宋官员。

山家三脆

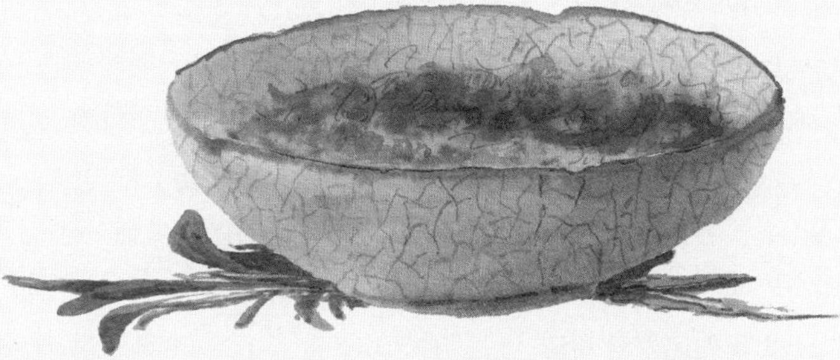

玉井饭

章艺斋鉴[1]宰德清时，虽槐古马高[2]，犹喜延客，然饮食多不取诸市，恐旁缘[3]而扰人。一日往访之，适有蝗不入境[4]之处，留以晚酌数杯，命左右造“玉井饭”，甚香美。其法：削嫩白藕作块，采新莲子去皮心，候饭少沸，投之，如盦饭法。盖取“太华峰头玉井莲，开花十丈藕如船”之句。昔有《藕》诗云：“一弯西子臂，九窍比干心。”今杭都范堰经进斗星藕，大孔七、小孔二，果有九窍，因笔及之。

译文

章鉴做德清县令的时候，虽然位高权重，仍然喜欢宴请宾客，但是食材大多不在市场上购买，因为他担心手下官吏仗势欺人。有天我去拜访他，刚好县内躲过一场蝗灾，他留我晚上喝酒，命人做“玉井饭”，味道非常香甜可口。做饭的方法是：将鲜嫩白藕切成块，选取新鲜莲子去掉皮和心，等饭稍微沸腾后投入其中，和焖饭的做法类似。之所以叫“玉井饭”，应该是取自“太华峰头玉井莲，开花十丈藕如船”这句诗。以前有《藕》诗云：“一弯西子臂，九窍比干心。”现在京都杭州范堰经进贡的斗星藕，有七个大孔、两个小孔，果真有九窍。我顺便记下这件事，以此作为《藕》诗“九窍”的证明。

❶章艺斋鉴：章鉴，字君宝，号艺斋，南宋官员。❷槐古马高：形容位高权重。❸旁缘：依仗、凭借（权势）。❹蝗不入境：古代认为如果地方官员施行善政，连蝗虫也不会入境侵害。

玉井饭

洞庭饐[1]

旧游东嘉[2]时，在水心[3]先生席上，适净居僧送至，如小钱大，各合以橘叶，清香霭然，如在洞庭左右。先生诗曰："不待归林霜后熟，蒸来便作洞庭香。"因询寺僧，曰："采蓬与橘叶捣汁，加蜜和米粉作，各合以叶蒸之。"市亦有卖，特差多耳。

译文

从前游历东嘉的时候，在叶水心先生的宴席上，正好遇到净居寺的僧人前来送饐。大小像铜钱，每个都用橘叶包裹，味道清香绵柔，仿佛置身于洞庭湖畔。先生作诗云："不待归林霜后熟，蒸来便作洞庭香。"我顺便询问僧人做法，他说："选取莲蓬和橘叶捣成汁，加入蜂蜜和米粉做成，分别用叶子包裹蒸熟。"市场上也有卖的，只是味道差得太多了。

❶饐(yì)：此处指地方食物名称。❷东嘉：浙江温州的别称。❸水心：字正则，号水心居士，南宋官员、思想家。

洞庭饐

荼蘼[1]粥 附木香[2]菜

旧辱[3]赵东岩[4]子岩云瓚夫寄诗，中《款友》一诗云："好春虚度三之一，满架荼蘼取次开。有客相看无可设，数枝带雨摘将来。"始谓非可食者。一日，适灵鹫，访僧苹洲德修，午留粥，甚香美。询之，乃荼蘼花也。其法：采花片，用甘草汤焯，候粥熟，同煮。又采木香嫩叶，就元汤焯，以盐、油拌为菜茹。僧苦嗜吟，宜乎知此味之清，且知岩云之诗不诬也。

译文

从前承蒙赵东岩之子赵岩云寄诗给我，其中有一首《款友》诗云："好春虚度三之一，满架荼蘼取次开。有客相看无可设，数枝带雨摘将来。"起初，我以为荼蘼不能吃。有一天，我去灵鹫寺拜访僧人苹洲德修，中午留下吃粥，味道非常香美。询问后才知道，乃是荼蘼花粥。其做法是：采荼蘼花瓣，用甘草汤焯过，等粥熟了一起煮。再采嫩木香叶，用原来的甘草汤焯过，用盐、油做成拌菜。僧人嗜好苦吟，知晓这种清香的风味也是理所应当的。于是我也知道赵岩云的诗所言不诬。

❶荼蘼（tú mí）：又称酴醾，多年生落叶灌木。❷木香：多年生草本植物，可入药。❸辱：承蒙，古代表示承受的谦辞。❹赵东岩：字简叔，号东岩，南宋官员。

荼蘼粥

蓬糕

采白蓬嫩者，熟煮，细捣，和米粉，加以白糖，蒸熟，以香为度。世之贵介，但知鹿茸、钟乳为重，而不知食此实大有补益，讵[7]可以山食而鄙之哉！闽中有草稗。又饭法：候饭沸，以蓬拌面煮，名“蓬饭”。

❶讵：岂，怎么，表示反问。

译文

采摘鲜嫩白蓬，煮熟，细捣，揉入米粉，加入白糖，蒸熟，直到散发香气为止。世上的富贵人家，只知道珍重鹿茸、钟乳，却不知道吃蓬糕实际上大有裨益，怎么可以因为它是山林野食而加以轻视呢！闽中的蓬糕里混有杂草，所以称为“山食”。又有一种做饭的方法：等饭煮沸，用白蓬拌面一起煮，取名为“蓬饭”。

蓬糕

樱桃煎 用蜜则鲜美

樱桃经雨，则虫自内生，人莫之见。用水一碗浸之，良久，其虫皆蛰蛰而出[7]，乃可食也。杨诚斋诗云：“何人弄好手，万颗捣尘脆。印成花钿薄，染作冰澌紫。北果非不多，此味良独美。”要之，其法不过煮以梅水，去核，捣印为饼，而加以白糖耳。

译文

樱桃被雨淋后，里面就会生虫，只是人们看不见。用一碗水浸泡，很久之后，里面就会爬出很多虫子，这个时候的樱桃才能吃。杨诚斋诗云：“何人弄好手，万颗捣尘脆。印成花钿薄，染作冰澌紫。北果非不多，此味良独美。”简单地说，其做法不过是用梅子水煮樱桃，去核，捣碎之后用模具印成饼，然后再加上白糖而已。

①蛰蛰而出：形容众多虫子爬出的样子。

樱桃煎

如荠菜

刘彝学士宴集间，必欲主人设苦荬[1]。狄武襄公青帅边时，边郡难以时置。一日集，彝与韩魏公对坐，偶此菜不设，谩骂狄公至黥卒。狄声色不动，仍以“先生”呼之，魏公知狄真将相器也。《诗》云：“谁谓荼苦？”刘可谓“甘之如荠”者。

其法：用醯、酱独拌生菜。然作羹则加之姜、盐而已。《礼记》“孟夏，苦菜秀”是也。《本草》：“一名‘荼’，安心益气。”隐居[2]：“作屑饮，可不寐。”今交、广多种之。

译文

刘彝学士宴会的时候，一定要求主人摆设苦菜。狄青统率边关时，边郡难以按时置备。有天宴会的时候，刘彝和韩琦对坐，恰好没有摆设这道菜。于是刘彝痛骂狄青和士兵。狄青却不动声色，仍然称呼刘彝为“先生”。韩琦由此知道狄青确实是将相之才。《诗经》云：“谁谓荼苦？”刘彝可以说是“甘之如荠”的人。

这道菜的做法：只用醋、酱拌生苦菜即可。如果想做成羹，就加入姜、盐。这就是《礼记》“孟夏，苦菜秀”中的“苦菜”。《本草》云：“又叫荼，有安心益气的功效。”陶隐居注云：“做成苦菜屑来喝，能让人失眠。”现在交州、两广地区种植很多。

❶苦荬（mǎi）：又名『苦菜』，一年生草本植物，可入药。❷隐居：陶弘景自号华阳隐居，故称『隐居』。

如荠菜

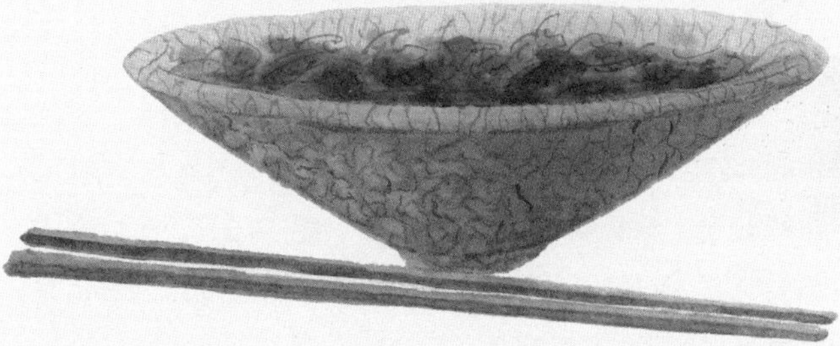

萝菔面

王医师承宣[1]常捣萝菔汁，搜面[2]作饼，谓能去面毒。《本草》云："地黄与萝菔同食，能白人发。"水心先生酷嗜萝菔，甚于服玉，谓诚斋云："萝菔便是辣底玉。"

仆与靖逸叶贤良绍翁过从二十年，每饭必索萝菔，与皮生啖，乃快所欲。靖逸平生读书不减水心，而所嗜略同。或曰："能通心气，故文人嗜之。"然靖逸未老而发已皤[3]，岂地黄之过欤？

译文

王医师经常捣萝卜汁，揉面做成饼，声称这样做可以去除面粉里面的毒素。《本草》云："地黄和萝卜一起吃，能让人头发变白。"叶水心先生特别喜欢吃萝卜，甚至超过食玉养生。他对杨诚斋说："萝卜就是辣的玉。"

我和叶绍翁交往二十年，每顿饭他都要吃萝卜，带皮生吃，才能让他快意。叶绍翁生平读过的书不比叶水心少，而嗜好也大致相同。有人说："萝卜能通心气，所以文人都爱吃。"但是叶绍翁年纪不大而头发已经变白，难道是因为服食地黄的缘故吗？

❶王医师承宣：王继先，南宋官员。因其凭借医术获得皇上宠幸，世称『王医师』。曾任奉宁军承宣使等职，故称『王承宣』。❷搜面：揉面，和面。❸皤：白色。

萝菔面

麦门冬[1]煎

春秋，采根去心，捣汁和蜜，以银器重汤[2]煮，熬如饴为度，贮之瓷器内。温酒化服，滋益多矣。

译文

每年春秋两季，采掘麦门冬的块根，去掉根芯，捣成汁，拌入蜜，用银器隔水蒸煮，直到熬成糖浆状为止，收贮在瓷器内。用温酒化开再服用，很滋补身体。

❶麦门冬：又名『麦冬』，多年生草本植物，可入药。❷重汤：隔水蒸煮。

麦门冬煎

假煎肉

瓠与麸薄批，各和以料煎。麸以油浸煎，瓠以肉脂煎。加葱、椒、油、酒共炒。瓠与麸不惟如肉，其味亦无辨者。吴何铸宴客，或出此。吴，中贵家，而喜与山林朋友嗜此清味，贤哉！常作小青锦屏风、乌木瓶，簪古木枝，缀像生梅数花，置座右，欲左右未尝忘梅。

一夕，分题赋词[1]，有孙贵蕃、施游心，仆亦在焉。仆得“心”字、《恋绣衾》[2]，即席云：“冰肌生怕雪来禁，翠屏前、短瓶满簪。真个是、疏枝瘦，认花貌、不要浪吟。等闲蜂蝶都休惹，暗香来时借水沉。既得个、厮偎伴，任风雪、尽自放心。”诸公差胜，今忘其辞。每到，必先酌以巨觥，名“发符酒”，而后觞咏[3]，抵夜而去。今喜其子侄皆克肖，故及之。

译文

将瓠瓜和麦麸切成薄片，各自用作料煎熟。麸用油浸泡后煎，瓠用肉脂煎。放入葱、椒、油、酒一起炒。瓠和麸不仅外表像肉，味道也与肉没有区别。吴何铸宴请宾客，有时会做这道菜。吴何铸，出身皇亲国戚之家，却喜欢和隐居山林的朋友一起吃这样的清淡风味，堪称贤人啊！他家常放小青锦屏风、乌木瓶，在瓶中插入古木枝，点缀几朵栩栩如生的假梅花，放置在座位旁边，想让身边人都不会忘记梅花。

有天晚上，分题赋词，参与者有孙贵蕃、施游心，我

❶分题赋词：用抽签方式分题作词，古代文人聚会的娱乐活动。❷「心」字、《恋绣衾》：「心」字，作词要求押「心」字韵。《恋绣衾》，词牌名。❸觞（shāng）咏：饮酒赋诗。

假煎肉

也在场。我抽签得到“心”字韵、《恋绣衾》词牌，在席上即兴作词云：“冰肌生怕雪来禁，翠屏前、短瓶满簪。真个是、疏枝瘦，认花貌、不要浪吟。等闲蜂蝶都休惹，暗香来时借水沉。既得个、厮偎伴，任风雪、尽自放心。”其余诸位的词比我略胜一筹，不过现在已经忘了具体内容。每次去吴家，必须先喝一大杯酒，名叫“发符酒”，然后再饮酒赋诗，直到夜深才离开。现在很高兴看到他的子侄都能继承他的风采，所以顺便提及此事。

橙玉生

雪梨大者，去皮核，切如骰子大。后用大黄熟香橙，去核，捣烂，加盐少许，同醋、酱拌匀共，可佐酒兴。葛天民[7]《尝北梨》诗云："每到年头感物华，新尝梨到野人家。甘酸尚带中原味，肠断春风不见花。"虽非咏梨，然每爱其寓物有《黍离》之叹[2]，故及之。如咏雪梨，则无如张斗野蕴[3]"蔽身三寸褐，贮腹一团冰"之句。被褐怀玉[4]者，盖有取焉。

译文

将大雪梨削皮去核，切成骰子大小。然后将成熟的大黄香橙去核捣烂，加少量盐，和醋、酱一起拌匀食用，可以用来下酒。葛天民《尝北梨》诗云："每到年头感物华，新尝梨到野人家。甘酸尚带中原味，肠断春风不见花。"虽然其意不在咏梨，但是我每每欣赏这首诗能寓情于物，有《黍离》之悲，所以在此顺便提及。至于咏雪梨，没有人能比得上张蕴"蔽身三寸褐，贮腹一团冰"这句。那些怀才不遇的人，大概可以体会个中滋味吧。

❶葛天民：字无怀，南宋诗人。❷《黍离》之叹：对国破家亡的哀叹。《黍离》，《诗经·王风》的篇名。❸张斗野蕴：张蕴，字仁溥，号斗野，南宋官员。❹被褐怀玉：形容出身贫寒而怀有真才实学的人。

橙玉生

玉延索饼[1]

山药，名“薯蓣”，秦楚之间名“玉延”。花白，细如枣；叶青，锐于牵牛。夏月，溉以黄土壤，则蕃[2]。春秋采根，白者为上，以水浸，入矾少许。经宿，洗净去涎，焙干，磨筛为面，宜作汤饼用。如作索饼，则熟研，滤为粉，入竹筒，微溜于浅酸盆内，出之，于水浸去酸味，如煮汤饼法。如煮食，惟刮去皮，蘸盐、蜜皆可。其性温无毒，且有补益。故陈简斋[3]有《玉延赋》，取色、香、味为三绝。陆放翁[4]亦有诗云：“久缘多病疏云液，近为长斋煮玉延。”比于杭都，多见如掌者，名“佛手药”，其味尤佳也。

译文

山药，又叫“薯蓣”，秦楚一带叫它“玉延”。花白色，细如枣花；叶青色，比牵牛叶尖。夏天，用黄土种植灌溉，就会生长茂盛。每年春秋两季，采掘山药根，白色的为上品，用水浸泡，加入少量明矾。过一晚，取出洗净，去掉黏液，烘干，磨筛成面粉，适合做汤饼用。如果是做面条，就反复研磨，过滤成面粉，放入竹筒中，在淡醋盆里溜一圈，取出来，放在水里浸去酸味，再按照汤饼的方法煮。如果是直接煮着吃，只需要刮皮就行，蘸盐和蜂蜜都可以。山药性温无毒，而且对身体有补益。所以陈简斋有《玉延赋》，称赞山药的色、香、味为三绝。陆放翁也有诗云：“久缘多病疏云液，近为长斋煮玉延。”先前在京都杭州，经常看见类似手掌的山药，叫“佛手药”，味道尤其好。

❶索饼：面条。❷蕃：生长茂盛。❸陈简斋：陈与义，字去非，号简斋，宋代江西诗派『一祖三宗』之一。❹陆放翁：陆游，字务观，号放翁，南宋文学家，『中兴四大诗人』之一。

王延索饼

大耐糕

向云杭公兖夏日命饮，作“大耐糕”，意必粉面为之。及出，乃用大李子。生者去皮剜核，以白梅甘草汤焯过，用蜜和松子肉、榄仁、去皮核桃肉、去皮瓜仁，刬[1]碎，填之满，入小甑蒸熟。谓“耐糕”也，非熟则损脾，且取先公“大耐官职”之意，以此见向有意于文简[2]之衣钵也。夫天下之士，苟知“耐”之一字，以节义自守，岂患事业之不远到哉！因赋之曰：“既知大耐为家学，看取清名自此高。”

《云谷类编》乃谓“大耐”本李沆[3]事，或恐未然。

译文

向云杭公夏天请我饮酒，让人做“大耐糕”，我以为一定是用面粉做的。等到端出来，才知道原来是用大李子做的。将生李子去皮剜核，用白梅甘草汤焯过，再将松子肉、榄仁、去皮核桃肉、去皮瓜仁一起铲碎，用蜂蜜拌合，将李子填满，放入小甑蒸熟。之所以叫“耐糕”，是因为没有蒸熟就会伤脾，并且取先祖“大耐官职”之意，由此可见向公一直希望能够继承向文简的事业。天下的士子，如果能知道“耐”字的深意，坚守节义，哪里需要担心事业不远大呢！于是我赋诗云：“既知大耐为家学，看取清名自此高。”

《云谷类编》居然说“大耐”本来是李沆的事迹，恐怕未必正确。

---

❶刬（chǎn）：铲。❷文简：向敏中，字常之，谥号『文简』，北宋官员。因其为官宠辱不惊，克己奉公，皇帝称赞为『大耐官职』。❸李沆：字太初，谥号『文靖』，北宋官员。

大耐糕

鸳鸯炙

蜀有鸡，素[①]中藏绶如锦，遇晴则向阳摆之，出二角寸许。李文饶[②]诗云："葳蕤[③]散绶轻风里，若御若垂何可拟。"王安石诗云："天日清明聊一吐，儿童初见互惊猜。"生而反哺，亦名"孝雉"。杜甫有"香闻锦带羹"之句，而未尝食。

向游吴之芦区，留钱春塘舜选家，持螯把酒，适有弋人携双鸳至。得之，焊，以油爁[④]，下酒、酱、香料燠[⑤]熟。饮余吟倦，得此甚适。诗云："盘中一箸休嫌瘦，入骨相思定不肥。"不减锦带矣。静言思之，吐绶、鸳鸯虽各以文采烹，然吐绶能反哺，烹之忍哉？

雉不可同胡桃、木耳、蕈食，下血。

译文

蜀地有一种鸡，嗉囊里面藏着如同锦绶的肉垂，遇到晴天就会对着太阳摆动，露出一寸多长的两角。李德裕诗云："葳蕤散绶轻风里，若御若垂何可拟。"王安石诗云："天日清明聊一吐，儿童初见互惊猜。"这种鸡生来就知道反哺父母，所以也叫"孝雉"。杜甫有"香闻锦带羹"的诗句，但是我还没吃过。

以前游历苏州芦区的时候，留宿在钱舜选家，和他一起吃蟹喝酒，刚好碰见猎人带着两只鸳鸯过来。得到之后，用开水将毛去净，再用油烤，放入酒、酱、香料焖熟。饮酒吟诗之余，品尝这道菜感觉非常惬意。有诗云："盘中一箸休嫌瘦，入骨相思定不肥。"鸳鸯的味道不比锦带鸡差。

①素：同"嗉"，鸟类喉咙下方储存食物的嗉囊。②李文饶：李德裕，字文饶，唐代政治家。③葳蕤（wēi ruí）：形容华美艳丽的样子。④爁（làn）：烤。⑤燠（yù）：热。

鸳鸯炙

静下心来仔细一想，虽然吐绶鸡和鸳鸯都是因为色彩艳丽而被烹饪，但是吐绶鸡能够反哺报恩，怎么忍心烹饪它呢?

鸡不可以和胡桃、木耳、蘑菇一起食用，否则会便血。

笋蕨馄饨

采笋、蕨嫩者，各用汤焯，以酱、香料、油和匀，作馄饨共。向者，江西林谷梅少鲁家，屡作此品。后坐古香亭下，采芎[①]、菊苗荐茶，对玉茗花[②]，真佳适也。玉茗似茶少异，高约五尺许，今独林氏有之。林乃金台山房之子，清可想矣。

译文

采摘鲜嫩竹笋和蕨菜，分别用热水焯过，再用酱、香料、油调和均匀，做成馄饨吃。以前江西林少鲁家经常做这种馄饨。饭后坐在古香亭下，采芎、菊苗泡茶，对着山茶花，真是无比惬意之事。山茶像茶，稍微有点儿不同，大约五尺高，现在唯独林家才有。林少鲁是林金台山房的儿子，其清雅可想而知了。

❶芎（xiōng）：又名『川芎』，多年生草本植物，可入药。❷玉茗花：又名『山茶花』，多年生木本植物。

笋蕨馄饨

雪霞羹

采芙蓉花，去心、蒂，汤焯之，同豆腐煮。红白交错，恍如雪霁[7]之霞，名“雪霞羹”。加胡椒、姜，亦可也。

译文

采芙蓉花，去掉花心和花蒂，用热水焯过，和豆腐一起煮。红白交错，好像雪后晴天的红霞，所以取名为“雪霞羹”。也可以加入胡椒和姜。

❶霁（jì）：天气放晴。

雪霞羹

鹅黄豆生

温陵[①]人前中元[②]数日，以水浸黑豆，曝之。及芽，以糠秕置盆内，铺沙植豆，用板压。及长，则覆以桶，晓则晒之，欲其齐而不为风日损也。中元，则陈于祖宗之前。越三日出之，洗焯，渍以油、盐、苦酒、香料，可为茹，卷以麻饼尤佳。色浅黄，名“鹅黄豆生”。

仆游江淮二十秋，每因以起松楸[③]之念。将赋归[④]，以偿此一大愿也。

译文

温陵人在中元节前几天，会用水泡黑豆，在太阳下曝晒。等到黑豆发芽，将糠秕放在盆里，铺上沙土，种上豆芽，用木板压住。等到豆芽长大，就盖上木桶，早上晒一下太阳，这样做是希望豆芽长得齐整又不被风日侵损。中元节当天，就将其陈列在祖宗牌位之前。过三天再取出，洗净焯过，用油、盐、醋、香料腌渍，就可以做成菜了。用麻饼卷着吃，味道尤其好。因为这道菜颜色浅黄，所以取名为“鹅黄豆生”。

我游历江淮二十年，每每因为这道菜而起思乡怀亲之情。终有一天，我要归乡回家，一偿夙愿。

❶温陵：今福建泉州。❷中元：古代民间的祭祖节日，时间为农历七月十五。❸松楸：松树和楸树，古代墓地多有种植，因此代指坟墓，或特指父母坟茔。❹赋归：归乡回家。

鹅黄豆生

真君粥

杏子煮烂去核，候粥熟同煮，可谓“真君粥”。向游庐山，闻董真君[1]未仙时多种杏。岁稔[2]则以杏易谷，岁歉则以谷贱粜[3]。时得活者甚众，后白日升仙。世有诗云：“争似莲花峰下客，种成红杏亦升仙。”岂必专于炼丹服气？苟有功德于人，虽未死而名已仙矣，因名之。

译文

将杏子煮烂去核，等粥熟了，放入一起煮，可以称为“真君粥”。以前游历庐山，听闻董真君尚未成仙时，种了很多杏树。丰收之年，就用杏换谷；歉收之年，就将谷贱卖。当时被他救活的人非常多，后来他在白天飞升成仙。因此世人有诗云：“争似莲花峰下客，种成红杏亦升仙。”难道修仙一定要专心于炼丹服气吗？如果对人行善积德，即便他还没死，美名已经载入仙籍了，因此给这道粥取名为“真君粥”。

❶董真君：董奉，字君异，三国时期名医。❷岁稔（rěn）：年成丰熟。❸粜（tiào）：卖出（粮食）。

真君粥

酥黄独并去声

雪夜，芋正熟，有仇芋田从简载酒来扣门。就供之，乃曰："煮芋有数法，独'酥黄独'世罕得之。熟芋截片，研榧子[7]、杏仁，和酱拖面煎之。且自侈[2]为甚妙，诗云：'雪翻夜钵裁成玉，春化寒酥剪作金。'"

译文

有天雪夜，芋头刚好做熟，仇从简就带着酒来敲门。我就顺便用芋头招待他，他说："煮芋头有很多方法，唯独'酥黄独'的做法罕有人知。将熟芋头切片，研磨榧子、杏仁，拌酱做成拖面再煎。我自觉这道菜非常美味，为此作诗云：'雪翻夜钵裁成玉，春化寒酥剪作金。'"

❶榧（fěi）子：榧的种子，可入药。❷自侈：自夸，自炫。

酥黄独

满山香

陈习庵埙[1]《学圃》诗云："只教人种菜，莫误客看花。"可谓重本而知山林味矣。仆春日渡湖，访薛独庵，遂留饮，供春盘[2]。偶得诗云："教童收取春盘去，城市如今菜色多。"非薄菜也，以其有所感而不忍下箸也。薛曰："昔人赞菜，有云'可使士大夫知此味，不可使斯民有此色'。诗与文虽不同，而忧时之意无以异。"

一日，煮姜油菜羹，自以为佳品。偶郑渭滨师吕至，供之，乃曰："予有一方为献，只用莳萝、茴香、姜、椒为末，贮以葫芦，候煮菜少沸，乃与熟油、酱同下，急覆之，而满山已香矣。"试之果然，名"满山香"。比闻汤将军孝信嗜盦菜。不用水，只以油炒，候得汁出，和以酱料盦熟。自谓香品过于禁脔[3]。汤，武士也，而不嗜杀，异哉！

❶陈习庵埙：陈埙，字和仲，号习庵，南宋官员。❷春盘：又名"五辛盘"，立春日装有蔬菜饼饵的食盘，古代的节日食俗。❸禁脔（luán）：指宫廷御用的肉食。脔，肉。

译文

陈习庵《学圃》诗云："只教人种菜，莫误客看花。"可以说是既重视农业，又知道山林风味了。我有年春天渡湖，去拜访薛独庵，于是留下饮酒，吃春盘。我偶然间得诗云："教童收取春盘去，城市如今菜色多。"并非轻视蔬菜，只是因为看到它后有所感触，而不忍心动筷。薛独庵说："过去有人为菜作赞，有一句是'可使士大夫知此味，不可使斯民有此色'。诗歌和文章虽然不同，但是忧国忧民之心没有差别。"

有天，我煮了姜油菜羹，自认为是一道好菜。正好郑

满山香

渭滨道长来了，就端给他吃。他说："我有一个做法送给你，只需要将莳萝、茴香、姜、椒研成末，用葫芦贮存，等菜煮得微沸，就和熟油、酱一起放入，立即盖好，而满山已经飘香了。"尝试之后，果然如此，因此取名为"满山香"。过去听闻汤孝信将军非常爱吃焖菜。不用加水，只用油炒，等到出汁，拌入酱料焖熟。自言其味道之香美超过禁脔。汤孝信是军人，却不喜杀生，真是与众不同啊！

酒煮玉蕈炙，煎也。

鲜蕈净洗，约水煮少熟，乃以好酒煮。或佐以临漳[1]绿竹笋，尤佳。施芸隐枢[2]《玉蕈》诗云："幸从腐木出，敢被齿牙私。真有山林味，难教世俗知。香痕浮玉叶，生意满琼枝。饕腹何多幸，相酬独有诗。"今后苑多用酥炙，其风味尤不浅也。

译文

将鲜蕈洗净，用适量水煮到稍熟，再用好酒煮。或者加入临漳的绿竹笋，味道尤其好。施芸隐《玉蕈》诗云："幸从腐木出，敢被齿牙私。真有山林味，难教世俗知。香痕浮玉叶，生意满琼枝。饕腹何多幸，相酬独有诗。"现在宫廷御厨多用酥油煎蕈，风味尤其醇厚。

❶临漳：今河北临漳。❷施芸隐枢：施枢，字知言，号芸隐，南宋诗人。

酒煮玉蕈

鸭脚羹

葵[1]，似今蜀葵[2]，丛短而叶大。以倾阳，故性温。其法与羹菜同，《豳风·七月》所烹者是也。采之不伤其根，则复生，古诗故有“采葵莫伤根，伤根葵不生”之句。

昔公仪休[3]相鲁，其妻植葵，见而拔之，曰：“食君之禄，而与民争利，可乎？”今之卖饼、货酱、贸钱、市药，皆食禄者，又不止植葵，小民岂可活哉！白居易诗云“禄米獐牙稻，园蔬鸭脚葵”，因名。

译文

葵菜，类似现在的蜀葵，根茎短而叶片大。因为向阳而生，所以性温。其做法和做菜羹一样，这就是《豳风·七月》诗里所烹的“葵”。采葵不伤根，它就会再长出来，所以古诗有“采葵莫伤根，伤根葵不生”的说法。

从前公仪休做鲁国宰相的时候，他的妻子种葵，他看到之后马上拔掉，说：“我享受着君主的俸禄，却和平民争利，这样做可以吗？”现在卖饼、卖酱、典钱、卖药的，都是享受朝廷俸禄的人，而且他们的争利行径不只是种葵，平民百姓怎么能活下去啊！白居易诗云“禄米獐牙稻，园蔬鸭脚葵”，于是取名为“鸭脚羹”。

❶葵：冬葵，一年生草本植物，可食用。❷蜀葵：二年生草本植物，可入药。❸公仪休：春秋时期鲁国宰相。

鸭脚羹

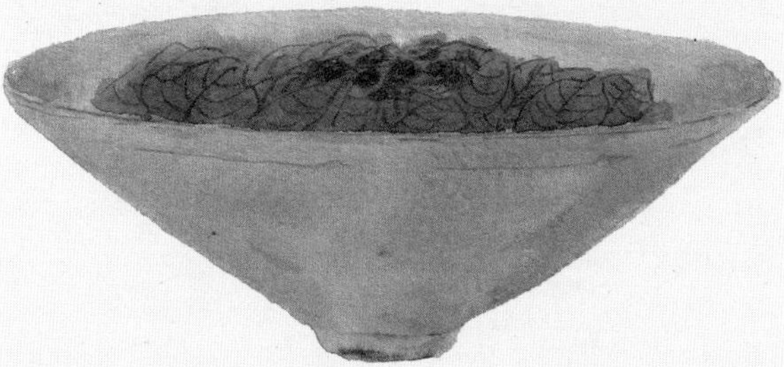

石榴粉银丝羹附

藕截细块，砂器内擦稍圆，用梅水同胭脂染色，调绿豆粉拌之，入鸡汁煮，宛如石榴子状。又，用熟笋细丝，亦和以粉煮，名“银丝羹”。此二法恐相因而成之者，故并存。

译文

将藕切成小块，放在砂器里打磨稍圆，用梅子汁和胭脂染色，将绿豆粉调好后，拌入其中，再用鸡汁煮，看起来好像石榴籽一样。另一种做法：将熟笋切成细丝，也拌和绿豆粉一起煮，名为“银丝羹”。这两种方法恐怕是相因而成的，所以在此一并记录保存。

石榴粉

广寒糕

采桂英，去青蒂，洒以甘草水，和米舂粉，炊作糕。大比岁[1]，士友咸作子相馈，取“广寒高甲”[2]之谶[3]。又，有采花略蒸，曝干作香者。吟边酒里，以古鼎燃之，尤有清意。童用瑶[4]师禹诗云：“胆瓶清气撩诗兴，古鼎余葩晕酒香。”可谓得此花之趣也。

译文

采摘桂花，去掉青色花蒂，洒上甘草水，拌米舂成粉，做成糕。每逢科举之年，士人亲友都会做成糕互相赠送，讨取“广寒高甲”的口彩。另外，还有采桂花稍微蒸煮，然后晒干做成香的。吟诗喝酒的时候，用古鼎燃香，尤其有清雅之意。童用瑶诗云：“胆瓶清气撩诗兴，古鼎余葩晕酒香。”可以说是深得此花之趣了。

❶大比岁：指举行科举考试的年份。❷广寒高甲：取『广寒糕』的谐音，意即『蟾宫折桂』，喻指科举高中。❸谶（chèn）：预示吉凶的隐语，古代迷信说法。❹瑶（jué）：玉器名。

广寒糕

河祇[1]粥

《礼记》:“鱼干曰薧[2]。”古诗有“酌醴焚枯”之句。南人谓之“鲞”[3]，多煨食，罕有造粥者。比游天台山，有取干鱼浸洗，细截，同米煮，入酱料，加胡椒，言能愈头风，过于陈琳之檄[4]。亦有杂豆腐为之者。《鸡跖集》云:“武夷君食河祇脯，干鱼也。”因名之。

译文

《礼记》云:“鱼干曰薧。”古诗有“酌醴焚枯”的诗句。南方人叫它“鲞”，大多煨熟吃，很少有用它做粥的。之前游历天台山，看到有人取干鱼浸泡洗净，切成小块，和米一起煮，再加入酱料和胡椒，声称可以治疗头痛，比陈琳的檄文效果更好。也有拌豆腐做粥的。《鸡跖集》说:“武夷君所吃的河祇脯，就是干鱼。”于是取名为“河祇粥”。

❶河祇（qí）：河神。❷薧（kǎo）：干的食物。❸鲞（xiǎng）：鱼干。❹陈琳之檄（xí）：陈琳，『建安七子』之一。檄，古代官府用以征召或声讨的文书。据载，曹操声称陈琳的檄文能缓解自己的头风（头痛病）。

河祇粥

松　玉

文惠太子[1]问周颙[2]曰："何菜为最？"颙曰："春初早韭，秋末晚菘[3]。"然菘有三种，惟白于玉者甚松脆，如色稍青者，绝无风味。因侈其白者曰"松玉"，亦欲世人知有所取择也。

译文

文惠太子问周颙："什么菜最好吃？"周颙回答："春初的早韭，秋末的晚菘。"然而菘有三种，只有比玉还白的菘非常松脆可口，如果是颜色稍青的菘，就毫无风味。于是将白色的菘誉为"松玉"，也想让世人知道应该如何选择。

❶文惠太子：萧长懋（mào），字云乔，南朝齐皇太子，谥号文惠。❷周颙（yóng）：字彦伦，南朝宋齐时期学者。❸菘（sōng）：白菜。

松玉

雷公栗

夜炉书倦，每欲煨栗，必虑其烧毡之患[1]。一日，马北廓逢辰曰："只用一栗醮油，一栗蘸水，置铁铫内，以四十七栗密覆其上，用炭火燃之，候雷声为度。"偶一日同饮，试之果然，且胜于沙炒者。虽不及数，亦可矣。

译文

晚上围炉读书困倦，每每想煨栗子，但是总会担心栗子引燃毛毡。有天，马北廓说："只需用一个栗子蘸油，一个栗子蘸水，放在铁铫里，将四十七个栗子密密地铺在上面，用炭火烤，直到发出雷鸣般的声响为止。"偶然有天一起饮酒，用这种方法尝试，果然奏效，而且味道比沙炒得更香。即使栗子数量不够，也是可以的。

❶烧毡之患：担心栗子受热炸裂，引燃毛毡。

雷公栗

东坡豆腐

豆腐，葱油煎，用酒研榧子一二十枚，和酱料同煮。又方，纯以酒煮。俱有益也。

译文

豆腐用葱油煎过，再用酒研磨一二十个榧子，拌入酱料一起煮。另外的做法是完全用酒煮。两种做法都对身体有益。

东坡豆腐

碧筒酒

暑月，命客泛舟莲荡中，先以酒入荷叶束之，又包鱼鲊[1]它叶内。俟舟回，风薰日炽，酒香鱼熟，各取酒及鲊，真佳适也。坡云："碧筒时作象鼻弯，白酒微带荷心苦。"坡守杭时，想屡作此供用。

译文

暑天，邀请客人在莲花荡里划船，先将酒倒入荷叶扎好，再将腌鱼包在别的荷叶里。等到划船返回时，风和日丽，酒香鱼熟，各自取出酒和腌鱼吃，真是无比惬意之事。苏东坡云："碧筒时作象鼻弯，白酒微带荷心苦。"想来，他在做杭州太守的时候，应该经常这样吃。

[1] 鱼鲊（zhǎ）：腌鱼。

碧筒酒

罂[1]乳鱼甘草，无毒。

罂中粟净洗，磨乳。先以小粉[2]置缸底，用绢囊滤乳下之，去清入釜。稍沸，亟洒淡醋收聚。仍入囊，压成块，仍小粉皮铺甑内，下乳蒸熟，略以红曲[3]水洒。少蒸取出，切作鱼片，名“罂乳鱼”。

译文

将罂粟仁洗净，磨成乳。先将小粉铺在缸底，再用绢囊将罂粟乳滤入缸中，去掉乳清，入釜蒸煮。等乳稍沸，立刻洒入淡醋来收聚。仍将其放入绢囊，压成块，再将小粉皮铺在甑里，倒入罂粟乳蒸熟，稍微洒入红曲水。稍蒸之后取出，切成鱼片形状，取名为“罂乳鱼”。

❶罂：罂粟，二年生草本植物，可入药。❷小粉：用小麦等制成的淀粉。❸红曲：红曲米，传统发酵制品，可入药。

罂乳鱼

胜肉侠土蕈、潭笋尤佳。

焯笋、蕈，同截，入松子、胡桃，和以酒、酱、香料，搜面作侠子。试蕈之法：姜数片同煮，色不变，可食矣。

译文

将竹笋、蕈子焯过，一起切好，放入松子、胡桃，拌入酒、酱、香料，揉面做成侠子。测试蕈子是否有毒的方法：放入几片姜一起煮，如果姜片不变色，蕈子就能吃。

胜肉饫

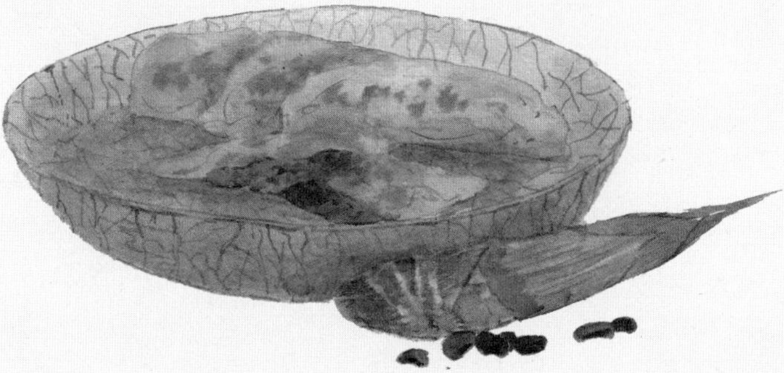

木鱼子[①]

坡云："赠君木鱼三百尾，中有鹅黄木鱼子。"春时，剥棕鱼蒸熟，与笋同法。蜜煮酢[②]浸，可致千里。蜀人供物多用之。

译文

苏东坡诗云："赠君木鱼三百尾，中有鹅黄木鱼子。"春天，将棕鱼剥下蒸熟，和竹笋的做法相同。如果用蜜煮、醋泡的话，可以带到千里之外。蜀人大多用棕鱼做菜。

❶木鱼子：棕榈花，又名『棕笋』『棕鱼』，可入药。❷酢（cù）：醋。

木鱼子

自爱淘食后，须下热面汤一杯。

炒葱油，用纯滴醋和糖、酱作齑，或加以豆腐及乳饼[7]。候面熟，过水，作茵供食，真一补药也。

译文

炒葱油，用纯滴醋和糖、酱做成齑汁，或者加入豆腐和乳饼。等面煮熟，在水里过一下，抻成细面吃，堪称一剂补药。

7 乳饼：传统乳制食品。

自爱淘

忘忧齑

嵇康云："合欢蠲[1]忿，萱草[2]忘忧。"崔豹《古今注》曰："丹棘，又名'鹿葱'。"春采苗，汤焯过，以酱油、滴醋作为齑，或燥以肉。何处顺宰六合[3]时，多食此，毋乃以边事未宁，而忧未忘耶？因赞之曰："春日载阳，采萱于堂。天下乐兮，其忧乃忘。"

译文

嵇康云："合欢蠲忿，萱草忘忧。"崔豹《古今注》云："丹棘，又叫'鹿葱'。"春天采摘萱草苗，用热水焯过，将酱油、滴醋做成齑汁，或者放入肉臊子。何处顺做六合县令的时候，经常吃这道菜，莫非是因为边境不宁，而难以忘忧吗？于是我为他作赞，云："春日载阳，采萱于堂。天下乐兮，其忧乃忘。"

❶蠲（juān）：免除。❷萱草：又名『丹棘』『鹿葱』，多年生草本植物，可入药。❸六合：今江苏南京六合区。

忘忧斋

脆琅玕[1]

莴苣去叶、皮，寸切，瀹以沸汤，捣姜、盐、熟油、醋拌渍之，颇甘脆。杜甫种此，“二旬不甲拆[2]”，且叹君子“晚得微禄，坎坷不进”，犹芝兰困荆杞。以是知诗人非为口腹之奉，实有感而作也。

译文

将莴苣去掉叶、皮，切成一寸小块，用开水煮过，捣姜、盐、熟油、醋拌入浸渍，口感很甘脆。杜甫曾经种过莴苣，作诗云“二旬不甲拆”，并且感叹君子“晚得微禄，坎坷不进”，就好像芝兰被困在荆棘丛中。由此可知，杜甫并不是想吃莴苣，实际上是有感而发。

❶琅玕：原指玉石或翠竹，此处形容莴苣碧绿可爱的样子。❷甲拆：种子发芽，破壳而出。

脆琅玕

炙獐[1]

《本草》："秋后，其味胜羊。"道家羞[2]为白脯，其骨可为獐骨酒。今作大脔，用盐、酒、香料腌少顷，取羊脂包裹，猛火炙熟，擘去脂，食其肉。鹿、麂[3]同法。

译文

《本草》云："秋后，獐肉的味道胜过羊肉。"道家将其做成白脯珍馐，骨头可以做獐骨酒。现在切成大块肉，用盐、酒、香料腌渍一会儿，用羊脂包裹，猛火烤熟，掰开羊脂再吃肉。鹿肉、麂肉的做法与此相同。

❶獐：哺乳动物，似鹿而无角。❷羞：即『馐』，精美的食物。❸麂（jǐ）：麂子，哺乳动物，似鹿而小。

炙獐

当团参北人名“鹊豆”。

白扁豆，温无毒，和中下气[①]。烂炊，其味甘。今取葛天民诗云“烂炊白扁豆，便当紫团参[②]”之句，因名之。

译文

白扁豆，温和无毒，具有和中下气的功效。将其煮烂，味道甘甜。现在借用葛天民“烂炊白扁豆，便当紫团参”的诗句，给这道菜取名为“当团参”。

❶和中下气：调节脾胃，排除胀气。❷紫团参：上品党参，产于山西壶关紫团山。

当团参

梅花脯

山栗、橄榄薄切同拌，加盐少许，同食，有梅花风韵，名“梅花脯”。

译文

将山栗、橄榄切成薄片，拌在一起，加少量盐，吃起来有梅花的风味，因此取名为“梅花脯”。

梅花脯

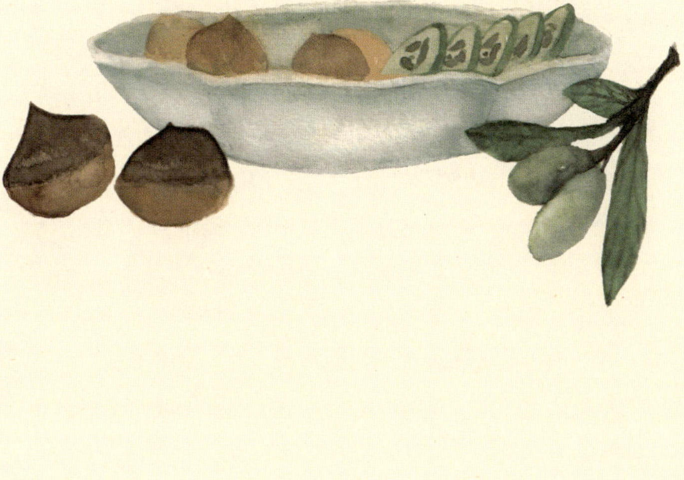

牛尾狸[7]

《本草》云："斑如虎者最，如猫者次之。肉主疗痔病。"法：去皮，取肠腑，用纸揩净，以清酒洗，入椒、葱、茴香于其内，缝密蒸熟。去料物，压隔宿，薄片切如玉。雪天炉畔，论诗饮酒，真奇物也，故东坡有"雪天牛尾"之咏。或纸裹糟[2]一宿，尤佳。杨诚斋诗云："狐公韵胜冰玉肌，字则未闻名季狸。误随齐相燧牛尾，策勋封作糟丘子。"

南人或以为绘形如黄狗，鼻尖而尾大者，狐也。其性亦温，可去风补痨[3]。腊月取胆，凡暴亡者，以温水调灌之，即愈。

译文

《本草》云："狸猫，花斑像虎的最好，像猫的次之。其肉主治痔病。"做法：去皮，取出五脏六腑，用纸擦净，用清酒洗过，在里面放入椒、葱、茴香，密缝之后蒸熟。熟后取出，去掉里面的作料，用重物压一晚，再切成像玉一样的薄片。雪天炉旁，论诗饮酒，此时品尝狸肉，别有一番风味，所以苏东坡有"雪天牛尾"的咏叹。或者用纸包裹，腌渍一晚，味道尤其好。杨诚斋诗云："狐公韵胜冰玉肌，字则未闻名季狸。误随齐相燧牛尾，策勋封作糟丘子。"

南方有人将狸猫画得像黄狗一样，鼻子尖而尾巴大，这其实是狐狸。狐狸同样性温，可以祛风补痨。冬天取胆，凡是有暴毙的人，用温水调和，灌入口中，立刻就会苏醒。

❶牛尾狸：白面而尾似牛的狸猫。❷糟：腌渍。❸去风补痨：祛除风邪，修复痨伤。

牛尾狸

金玉羹

山药与栗各片截，以羊汁加料煮，名“金玉羹”。

译文

将山药和栗子分别切片，用羊汤加作料煮熟，取名为“金玉羹”。

金玉羹

山煮羊

羊作脔，置砂锅内。除葱、椒外，有一秘法：只用搥真杏仁数枚，活火[1]煮之，至骨亦糜烂。每惜此法不逢汉时，一关内侯[2]何足道哉！

译文

羊肉切成块，放在砂锅里。除了放葱、椒之外，还有一个秘法：只用捣几个真杏仁放进去，用明火煮，直到羊骨也煮烂为止。每每叹息汉代人不知道这种做法，否则获封一个关内侯又何足挂齿！

❶活火：有焰的炭火。
❷关内侯：汉代的高级爵位。

山煮羊

牛蒡[1]脯

孟冬[2]后，采根净洗，去皮煮，毋令失之过。搥扁压干，以盐、酱、茴、萝、姜、椒、熟油诸料研，浥[3]一两宿，焙干。食之，如肉脯之味。笋与莲脯同法。

译文

农历十月之后，采牛蒡根洗净，去皮煮，不要煮过头。然后捶扁压干，用盐、酱、茴香、莳萝、姜、椒、熟油等作料研磨，浸渍一两晚，再烘干。吃起来味道像肉干。笋脯和莲脯的做法与此相同。

❶牛蒡（bàng）：二年生草本植物，可食用，可入药。❷孟冬：冬季的第一个月。❸浥（yì）：沾湿，浸润。

牛蒡脯

牡丹生菜

宪圣[7]喜清俭，不嗜杀。每令后苑进生菜，必采牡丹瓣和之。或用微面裹，炸之以酥。又，时收杨花为鞋、袜、褥之属。性恭俭，每至治生菜，必于梅下取落花以杂之，其香犹可知矣。

译文

宪圣皇后喜欢清俭，不好杀生。每次吩咐宫廷御厨进奉生菜，一定要采牡丹花瓣放于其中。或者裹上薄面，用油炸酥。另外，她还时常收集杨花，做成鞋、袜、褥之类的物品。皇后秉性恭俭，每到做生菜的时候，一定要在梅树下收集落花，杂入其中，这道菜的清香至今仍然可以想见。

❶宪圣：宪圣慈烈皇后，吴氏，宋高宗赵构第二任皇后。

牡丹生菜

不寒齑

法：用极清面汤，截菘菜，和姜、椒、茴、萝。欲极熟，则以一杯元齑和之。又，入梅英一掬，名“梅花齑”。

译文

不寒齑的做法：用极清的面汤，切好白菜，拌入姜、椒、茴香、莳萝，一起煮。如果想要煮到烂熟，就拌入一杯老汤。另外，如果加入一捧梅花，就叫“梅花齑”。

不寒齋

素醒酒冰

米泔浸琼芝菜[1]，曝以日，频搅。候白，净洗，捣烂，熟煮。取出，投梅花十数瓣。候冻，姜、橙为脍齑共。

译文

用淘米水浸泡琼芝菜，在太阳下曝晒，并频繁搅动。等菜发白，洗净，捣烂，煮熟。取出后，投入十多瓣梅花。等菜汁凝固成冻，将姜、橙做成齑汁一起吃。

❶琼芝菜：或即『琼枝』，藻类生物，可入药。

素醒酒冰

豆黄签

豆面细茵，曝干藏之。青芥、菜心同煮为佳。第此二品，独泉[1]有之。如止用他菜及酱汁亦可，惟欠风韵耳。

①泉：今福建泉州。

译文

将豆面细细撒匀，晒干贮藏。做菜的时候，最好放入青芥、菜心一起煮。只是这两种菜，唯独泉州才有。如果仅用其他菜和酱汁也可以，只是风味有所欠缺。

豆黄签

菊苗煎

春游西马塍[①]，会张将使元耕轩留饮，命予作《菊田赋》诗，作墨兰。元甚喜，数杯后，出“菊煎”。法：采菊苗，汤瀹，用甘草水调山药粉，煎之以油，爽然有楚畹[②]之风。张，深于药者，亦谓“菊以紫茎为正”云。

译文

春天游历西马塍，正好张元将使留我饮酒，请我作《菊田赋》诗，画墨兰。他很高兴，饮酒数杯后，端出一道“菊煎”菜。其做法：采摘菊苗，在热水里烫过，用甘草水调和山药粉，再用油煎，豁然有君子清雅之风。张元深通药理，也说菊花以紫茎为正宗。

❶西马塍（chéng）：地名，在今浙江杭州。❷楚畹：泛指兰圃，此处代指君子。

菊苗煎

胡麻[1]酒

旧闻有胡麻饭，未闻有胡麻酒。盛夏，张整斋赖招饮竹阁。正午，各饮一巨觥，清风飒然，绝无暑气。其法：渍麻子二升，煮熟略炒，加生姜二两，龙脑薄荷一握，同入砂器细研。投以煮酒五升，滤渣去水。浸饮之，大有益。因赋之曰："何须更觅胡麻饭，六月清凉却是渠。"《本草》名"巨胜子"。桃源所饭胡麻，即此物也。恐虚诞者自异其说云。

译文

从前听说过胡麻饭，没听过有胡麻酒。盛夏之时，张整斋请我在竹阁饮胡麻酒。正午时分，各饮一大杯，感觉清风徐来，暑气毫无。其做法：泡两升芝麻，煮熟后稍微翻炒，加入二两生姜、一把龙脑薄荷，一起放入砂器反复研磨。倒入五升温酒，再过滤渣滓，去掉水分。用它泡酒喝，对身体大有裨益。于是我作诗云："何须更觅胡麻饭，六月清凉却是渠。"《本草》称胡麻为"巨胜子"。世外桃源中所吃的胡麻饭，就是这个。这种传说恐怕是荒诞无稽之人的夸大其词。

❶胡麻：芝麻。

胡麻酒

茶供

茶即药也。煎服，则去滞而化食；以汤点之[1]，则反滞膈而损脾胃。盖世之嗜利者，多采他叶杂以为末。既又怠于煎煮，宜有害也。

今法：采芽，或用碎花，以活水、火煎之。饭后，必少顷乃服。东坡诗云“活水须将活火烹”，又云“饭后茶瓯味要深”，此煎服法也。陆羽《经》[2]亦以“江水为上，山与井俱次之”。今世不惟不择水，且入盐及茶果，殊失正味。不知惟葱去昏，梅去倦，如不昏不倦，亦何必用？古之嗜茶者，无如玉川子[3]，惟闻煎吃。如以汤点，则安能及七碗乎？山谷词云：“汤响松风，早减了、七分酒病。”倘知此，则“口不能言，心下快活自省”之禅近矣。

译文

茶就是药。煎茶喝，就能去滞化食；用热水点茶，反而滞胀噎膈，损害脾胃。因为世上唯利是图的奸商，经常掺杂其他叶子做成茶末。而人们又懒得煎煮，所以会对身体造成伤害。

现在的做法：采茶叶芽或者碎花，用活水在活火上煎。饭后，一定要过段时间再喝茶。苏东坡诗云“活水须将活火烹”，又云“饭后茶瓯味要深”，这说的就是茶的煎法和饮法。陆羽《茶经》也认为“江水最好，山泉水和井水次之”。现在世人不仅不知道选好水，而且在茶里放盐和茶果，严重损失了茶的正味。他们不知道葱去头昏，

❶以汤点之：此处指点茶法，用热水冲搅茶末。❷陆羽《经》：唐代陆羽的《茶经》。❸玉川子：卢仝（tóng），自号玉川子，唐代诗人。

茶供

梅去疲倦，如果不昏不倦，又何必用它们呢？古代喜欢饮茶的人，首推卢仝，只听过他煎茶来喝。如果用热水点茶，又怎么能连喝七碗呢？黄庭坚词云："汤响松风，早减了、七分酒病。"如果知道茶中真味，那么距离"口不能言，心下快活自省"的禅悟就不远了。

新丰[1]酒法

初用面一斗、糟醋三升、水二担，煎浆。及沸，投以麻油、川椒、葱白。候熟，浸米一石。越三日，蒸饭熟，乃以元浆煎强半。及沸，去沫，又投以川椒及油。候熟，注缸面[2]，入斗许饭及面末十斤、酵半升。暨晓，以元饭贮别缸，却以元酵饭同下，入水二担、曲二斤，熟踏覆之。既晓，搅以木摆。越三日止，四五日可熟。夏月，约三二日可熟。其初余浆，又加以水浸米，每值酒熟，则取酵以相接续。不必灰其曲，只磨麦和皮，用清水搜作饼，令坚如石，初无他药。

仆尝从危巽斋子骖之新丰，故知其详。危居此时，尝禁窃酵，以专所酿；戒怀生粒，以全所酿；且给新屦[3]，以洁所酿；诱客舟，以通所酿，故所酿日佳而利不亏。是以知酒政之微，危亦究心矣。昔人《丹阳道中》诗云："昨日新丰市，犹闻旧酒香。抱琴沽一醉，尽日卧斜阳。"正其地也。沛中自有旧丰，马周[4]独酌之地，乃长安效新丰也。

译文

起初用一斗面、三升糟醋、两担水，煎成浆水。等到浆沸，投入麻油、川椒、葱白。等到煮熟，浸入一石米。三天过后，蒸成熟饭，再取出近一半，用原来的浆水煎煮。等煮沸后，撇去浮沫，又投入川椒和油。等饭煮熟，注入新酿成的酒，加一斗左右的饭和十斤面末、半升酵母。天亮以后，将剩下的原饭贮存在其他缸里，再将发酵过的原酵饭一起倒入，加二担水、二斤酒曲，反复踩踏。第二天

❶新丰：今陕西西安新丰。❷缸面：新酿成的酒。❸屦（jù）：古代用麻、葛等做成的鞋。❹马周：字宾王，唐代政治家。据载，马周曾在新丰酌酒一斗八升。

新丰酒法

天亮后，用木摆搅动。三天后停止搅动，再过四五天酒就熟了。在夏天，大约两三天酒就能熟。原来剩下的浆水，再加入水浸米，每当酒熟，就取出发酵继续酿造。不必用灰曲，只需磨麦和皮，用清水揉成饼，使其坚硬如石，就不用再放别的酒药了。

我曾跟随危稹的儿子危骖去过新丰，所以知道详细的做法。危稹在这里当官的时候，曾经禁止私人偷酿，以便酿酒师傅专心工作。禁止掺杂生米，以使酿酒品质得到保证。提供新鞋，以使酿酒环境维持清洁。招揽客船，以便酿酒销路畅通无阻，所以酿酒的工艺越来越好，而获利越来越大。由此可知，即使是酿酒政策这样细微的工作，危稹也专心研究过。前人《丹阳道中》诗云："昨日新丰市，犹闻旧酒香。抱琴沽一醉，尽日卧斜阳。"诗里的"新丰"正是此地。沛县本来有一个旧丰，而马周独酌的地方，乃是长安仿建的新丰。